宇宙をあるく

☆

細川博昭

WAVE出版

宇宙をあるく

はじめに

いつだって宇宙は、見上げた空のかなたにあります。

昼間に見るのは青空でも、その先には星々が輝く宇宙があります。

やすらぎや畏《おそ》れ、あこがれや好奇心など、さまざまな感情をかきたててくれる宇宙。

地球ではない星の景色。宇宙空間から眺める星雲。知らない世界を、頭の中でイメージしてみることもあるでしょう。子どもだけでなく、大人も。きっと。

宇宙にある星のひとつである地球に、私たちは暮らしていて、宇宙とさまざまな関わりをもって生きています。

そんな宇宙のことを、もっと知りたい。多くの人がそう思っていると感じています。

そこに神々の姿を投影してみたり、星の動きで吉凶を占ってみたりしたのはもう過去のことですが、そこが私たちにとって身近で、そして特別な存在であることは、いまも変わってはいません。


なのに……。興味があるのに、もっと知りたいのに、それを阻《はば》むものにぶつかって、あきらめてしまう人も少なくありません。

宇宙のことを正確に、くまなく伝えていくには、かかわってくるさまざまな分野の情報もしっかり説明していかないとダメだと、専門家は考えます。そして、そんな本が巷《ちまた》にはあふれています。

宇宙のことが、昔に比べて何倍もはっきりとわかってきたことが、悲しいことに、宇宙を知るためのハードルをかえって上げてしまいました。

細かい数字がたくさん並んでいたり、難解な用語や、理解できないに概念ぶつかると、「もういいや」と投げてしまいたくもなります。

本当はもっと知りたい。でも、拒まれている気がする……。本当は、この先のことがわかるともっとおもしろいのだろうけど……。ダメ。行けない。

理科は苦手だけれど、宇宙は大好きなのに……。

そんなふうなジレンマや、行き場のない思いを抱えてしまう人もいます。


宇宙について語ろうとすると、どうしても避けて通れない用語はたしかにあります。それでも、時間をかけてていねいに説明していけば、少しはわかりやすくなります。

重箱の隅、というレベルまで理解しなくてもいいと割り切ってしまえば、計算式など、端折《はしょ》ってしまえるものもたくさんあります。そもそも、宇宙に興味を持ち始めて、まずはざっと理解したいと思う人にとって、フクザツな式などは必要ないし、データの羅列もたぶん必要ないと思うのですね。だから——。

そんな本を、つくってみました。


私たちは、たしかに宇宙とつながっています。

気持ちだけでなく、身のまわりにある物質や、地球に生きるあらゆる生命も、「宇宙」がもたらしてくれたものです。感じる太陽の日差しのあたたかさ、「陽」の光が生み出すカラフルな「彩り」。そんなものも、宇宙の恩恵ということができます。

そんなことが実感できる本を、つくりたいと思いました。


イメージをつかみやすくするためのイラストは入れましたが、数式は使っていません。専門用語も、知っておいてほしいこと以外はなるべく使わないようにしました。

宇宙がどんなふうに広がっているのか、どうやって生まれて、どんな終わりが予想されているのか。ときに、それが私たちの暮らしとどうつながるのかということも交えながら研究者とはちがう、作家視点で解説してみました。

できるかぎりわかりやすく、ということを意識して書いてはいますが、それでも、どうしてもよくわからないところがあったら、読みとばしても大丈夫です。科学に触れる本は書かれている内容の全部をきっちり理解しようとは思わずに読むのが正解です。

ちゃんと説明しないといけないところ、必要ならじっくり読んでほしいけれど、そうでなければ読みとばしてもかまわない情報として入れているところ。こうしたタイプの本にはいろいろな部分があります。

どうぞ、知りたいところ、興味があるところから読んでみてください。読み終えて、これはわかった、ここはおもしろかったと感じていただける部分が少しでもあったら、この本の目的は達成されたことになります。

さて。

それでは、少し不思議なナビゲーターの力も借りつつ、いまわかっている宇宙の素顔について、ゆっくり語っていきたいと思います。

そのナビゲーターとの出会いの物語は――。

流れ星？

白い尾を引いた星が、まっすぐこっちに向かってきていた。頭上はるかな東の空から、ななめ45度の角度で自分めがけて落ちてくる。

逃げる、という選択肢はなかった。というか、凍りついたように体が動かなかった。恐怖はあったけれど、パニックにはなっていないつもりだ。だから、本当ならば逃げられたはずだった。

もっとも、直径１メートルほどの隕石《いんせき》だったとしても、落ちたら半径１００メートルか、それ以上はただではすまないだろうし、逃げても無駄と頭のどこかで思っていたのはたしかなのだが。

けれど、そういうことではなく、「そこから動くな」という聞こえない命令が、自分をその場に留めていた。そんな感じだった。

その流星を見ているうちに、おかしなことに気づいた。

ここはたしかに人通りの少ない裏道だし、いまもまわりに人影はない。それでも、一本となりは国道の裏道で、それなりに車も人も多い。こんな状況に遭遇したなら、落ちてきている流星に気づいた人が絶叫したり、逃げまわったりするのがふつうだと思うし、車を運転している人は信号無視をすることになろうと、ほかの車にこすってしまうことになろうと、大慌てでアクセルを踏んでいるはずだ。だが、そんな気配はなく、聞こえている喧騒《けんそう》はいつもどおり。

それよりなにより、落ちてくる流星から何の音もしないことが不思議だった。実際に流星落下のシーンに遭遇したことはないけれど、空気を切り裂く音とか、何か聞こえてもいいんじゃないか？

轟音《ごうおん》のない隕石落下って、なんだ？

恐怖はあったが、死は覚悟していなかった。自分をそこに留めた何かが、暗黙のメッセージを伝えていたせいかもしれない。

その場面は、芝居に立ち会っているような印象だった。スポットの当たるステージの中央で、役者のひとりとして相手役に迫られている。その一方で、観客席にも自分がいて、展開の一部始終を見守っている。そんな気持ちで立っていた。

超高速で落下してきたはずの流星は、あらゆる物理法則を無視するかのように、ありえない速度で制動をかけ、風ひとつ起こすことなく、鼻先50センチのところに止まった。

直径1メートルほどの真っ白な、タンポポの綿毛のような物体が、空中で風を受けてゆらいでいた。

「やあ！」

その物体がわかる言葉で語りかけてきても、もう驚かなかった。

「宇宙のこと、きみと話したいと思ったんだ」

明るい声で、そいつは言った。

綿毛の中に、小さな人間——男の子の姿が見えた気がした。

「な、なんで……？」

なんで、自分と、なんだ……。

言葉にならない声を汲み取ったかのように、その声は言った。

綿毛が透き通って、だんだん男の子の輪郭《りんかく》がはっきりしてくる。

「ぼくを見つけることができた人だから」

言っていることがわからない。ほかの人には見えないとでもいうんだろうか。

「見えない、というより知覚できない、が正しいかな」

また、頭の中を読んだように、そいつが言う。

「そういうわけだから、よろしくね」

届けられた声は、なんだか楽しそうだった。

薄く残っていたタンポポの綿毛が、ゆらゆら揺れ、消えた。

そして、男の子がすとん、と地面に降り立った。

高さ40、50センチはあったはずなのに、重力の弱い月の上にでもいるかのように、ゆっくりと――。


宇宙からやってきたよくわからないそいつは、その日から、自分が住んでいるマンションの部屋に住み着くことになった。

拒否する、という選択肢も、もちろん自分にはなかった。

宇宙をあるく　もくじ

はじめに 002
宇宙の住人たち 014

プロローグ：手がとどく宇宙 017
1 宇宙は永遠のあこがれ 018
2 ボイジャーが最後に伝えてくれるもの 020
3 探査機が教えてくれる太陽系の素顔 028
4 宇宙のかなたを見る望遠鏡 035
5 地球をめぐる宇宙ステーション 039
story スペースデブリを一網打尽 041
宇宙の住人紹介　コスモくん・惑星さん 044

☆第1章 目に見える宇宙——空を見上げた先にあるもの 045
1 地球から見える光 046
2 軽い恒星は長寿命 052
3 超新星となって生涯を終える星 056
4 地球は銀河系のどのあたり？ 064

5 遠くにある星ほど赤い 070
新星と超新星はぜんぜん別物 074
story 宇宙の住人紹介 恒星さん・彗星ちゃん 078

第2章 宇宙と地球の密接な関係 079
1 異星の動植物は食べられる？ 080
2 宇宙のどこにでもある有機物 083
3 彗星が生命のもとを運んできた 088
4 太陽系外の惑星たち 094
5 系外惑星の素顔 101
生命は、ありふれているかも 108
story 宇宙の住人紹介 超新星くん・ブラックホールくん 112

第3章 星の誕生とその終末 113
1 宇宙に誕生した最初の星 114
2 星の生涯 119
3 恒星のゆく末は重さしだい 125
4 超新星が生み出してくれたもの 132
5 宇宙で最初のブラックホール 138

story 恒星は錬金術師 142
宇宙の住人紹介 **白色矮星くん・中性子星さん** 146

第4章 宇宙はなにでできている? 147

1 宇宙にあるもの 148
2 暗黒物質が存在する証拠 154
3 暗黒だけれど、透明? 160
4 ほかにも宇宙がある? 165
5 宇宙を広げる暗黒エネルギー 172
story 暗黒物質はどこにでもあるんだ 175
宇宙の住人紹介 **暗黒物質くん・暗黒エネルギーさん** 178

第5章 宇宙の始まりと終わり 179

1 宇宙の空が晴れるまで 180
2 ビッグバンは本当の始まり? 188
3 宇宙の未来は? 190
4 宇宙の果てはどこにある 197
5 宇宙の果ての先の先 199

story 小さな宇宙・大きな宇宙 202
宇宙の住人紹介 銀河くん・ボイジャー1号 204

第6章 感じる宇宙：重力 205

1 空間に働く重力の力 206
2 重力について教えてくれるブラックホール 212
3 どこにでもあるブラックホール 214
4 時の流れを変えてしまう重力 219
5 ヒッグス粒子と重力の関係 225
story ブラックホールの先は？ 228
宇宙の住人紹介 クォークファミリー・重力子さん 232

エピローグ：宇宙利用と人間の未来 233

1 宇宙と、どうつきあっていこう 234
2 月面や火星で暮らす日 236
story 宇宙とぼくたちはつながってる 238

あとがきにかえて 244
参考文献 247

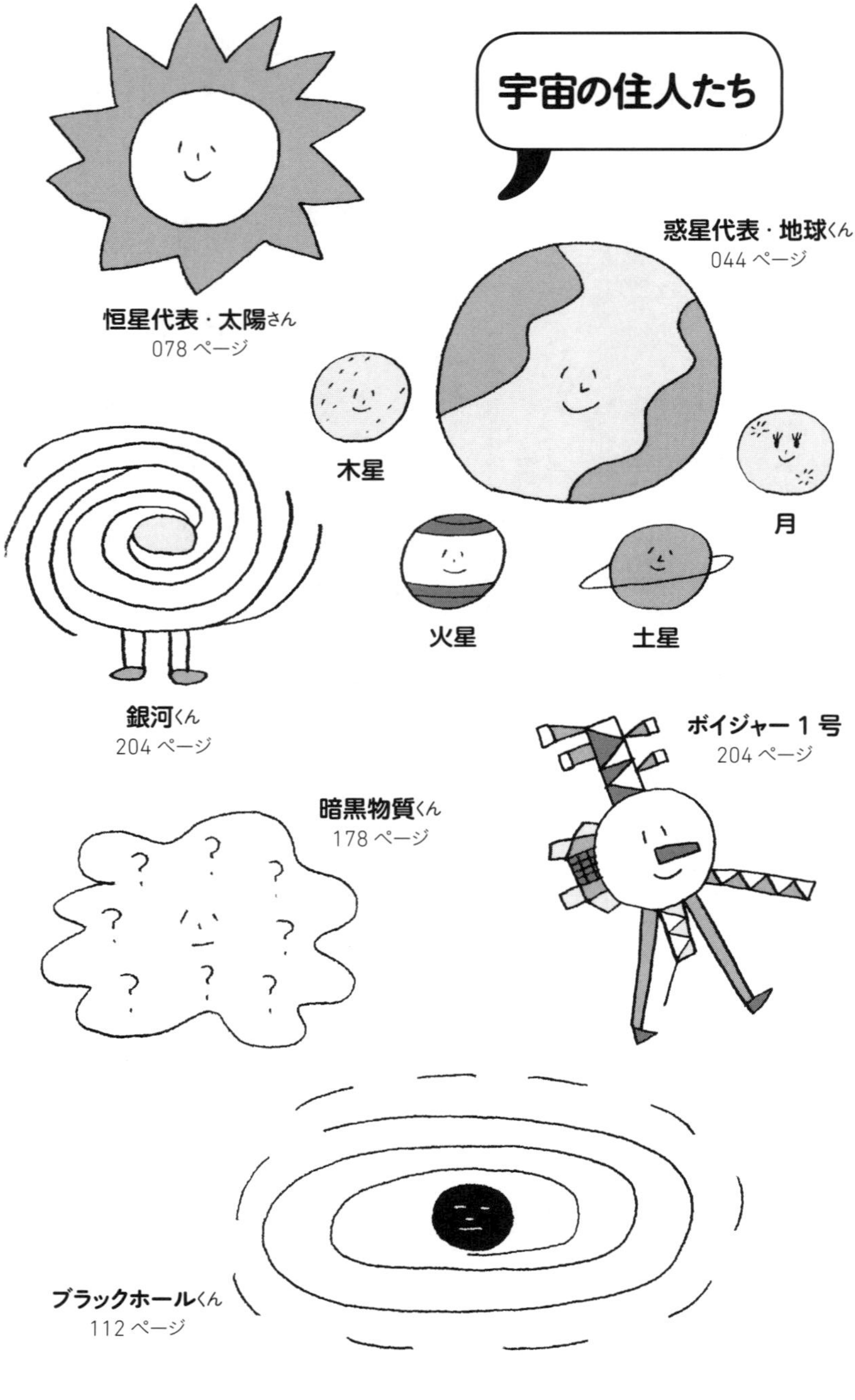
宇宙の住人たち
惑星代表・地球くん
044 ページ
恒星代表・太陽さん
078 ページ
木星
月
火星
土星
銀河くん
204 ページ
ボイジャー 1 号
204 ページ
暗黒物質くん
178 ページ
ブラックホールくん
112 ページ

超新星くん
112 ページ

彗星ちゃん
078 ページ

中性子星くん
146 ページ

白色矮星さん
146 ページ

重力子さん
232 ページ

コスモくん
044 ページ

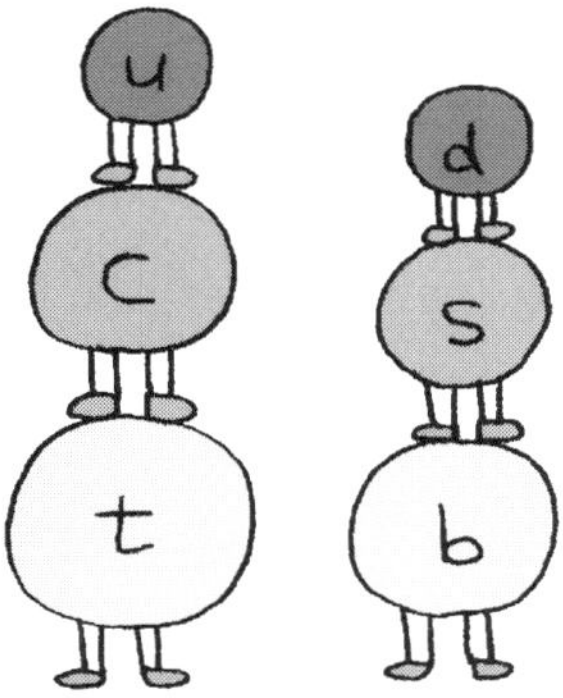

クォークファミリー
232 ページ

暗黒エネルギーさん
178 ページ

ブックデザイン ● 松田行正＋日向麻梨子（マツダオフィス）
イラスト ● matsu（マツモトナオコ）
本文DTP・図版作成 ● サンバリー企画
校正 ● 小倉優子

プロローグ

手がとどく宇宙

1 宇宙は永遠のあこがれ

知りたいという願い

見たことのない世界。まだ知らない景色。確かめたい、見てみたい。

今はできなくても、いつかは挑戦してみたい。

そう思ってしまうのは、好奇心のかたまりである人類にとって、ある意味、とても自然なことなのかもしれません。

積み上げてきた科学と技術で手が届くとわかってしまった宇宙。そこに目を向けないわけがありません。一歩を踏み出さないわけがありません。

未踏の世界を夢見て大海へと漕《こ》ぎだしていった、かつての船乗りのように。地球を一歩二歩、出た先にはなにがあるのか、実際にこの目で見てみたい。生身の人間がダメなら、探査機でも、ロボットの力を借りてでも——。

科学者の——いえ、人類の願いは、有人、無人の探査機や宇宙船に託されました。パイオニアは、ボイジャーは、はやぶさは、スペースシャトルは、そんな思いも背負って打ち上げられたものです。

人間の目よりも「よく見える目」としてハッブル宇宙望遠鏡が打ち上げられ、宇宙がどんな場所なのか、行って実際に確かめてみたいという思いに突き動かされて造られたのが国際宇宙ステーションです。月を訪ねて、その大地を踏みしめてみたい。月軌道や月面から、頭上にかかる地球を眺めてみたい。アポロやかぐやには、そんな気持ちも託されました。

もちろん、好奇心だけが宇宙に向けられていたわけではなく、各国の思惑やエゴも宇宙開発、宇宙探査の現場には見え隠れしていました。しかし、最終的に得られた数多《あまた》の情報が、人類の好奇心を満たしてくれると同時に、未来へとつながる「資産」を私たちの手に残してくれたこともまた事実です。

そして今も、太陽系内には多くの探査機があって、目的地へと飛行を続けています。新たなミッションに向け、建造されている途中のものもあります。ボイジャーのように、主たる使命を終えた後も、装置が動き続けるかぎり、集められるだけ情報を集め、地球へと送信を続けてくれているものもあります。地球に近い宇宙空間に置かれた宇宙望遠鏡は、さまざまな波長の光、電磁波を使って観測を続けています。

2 ボイジャーが最後に伝えてくれるもの

太陽系の果てを求めて

太陽系のことを、私たちはそれなりによく知っています。子どものころに手にした理科や科学の教科書に掲載されていただけでなく、銀河に向かって旅立っていくようなＳＦアニメや小説などを通して宇宙に接する機会もたくさんあったからです。

どちらがより関心を高めてくれたかといえば、後者に軍配があがりそうですね。こういった点でも、日本は、とても恵まれた環境にありました。

探査機が飛んだり、地球に戻ったり、流星群や日蝕《にっしょく》などの天体現象が起こるたびに大きく取り上げる報道のおかげもあって、宇宙は今も身近なものとしてそこにあります。そもそも、こうした報道がひんぱんに流れること自体、日本人の宇宙に対する関心の高さを汲み取ったもの。強い興味の裏返しでもあるわけです。

１９７０年代末から80年代、２機のボイジャーは旅先から革新的な映像を送信し、何億もの人々をテレビの前に釘付けにしました。至近距離から見た外惑星《がいわくせい》の木星、土星、天

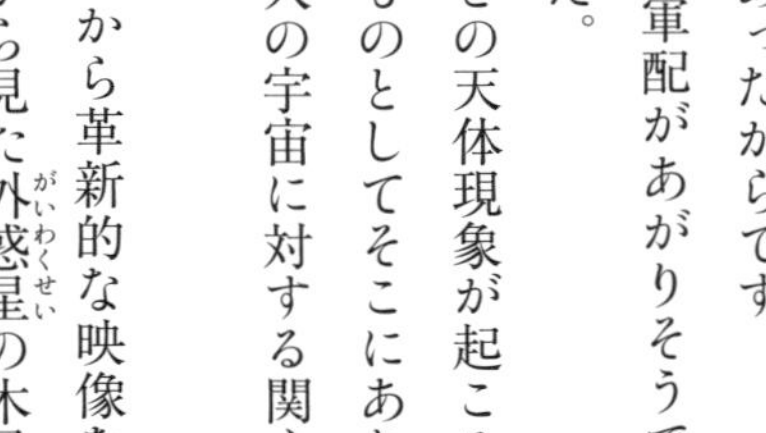
ボイジャーのセンサーは２０２０年くらいまで機能していて、データを送り続けてくれる予定なんだ。

王星、海王星、そしてその衛星たち。新たに発見された輪など。予想どおりだったこと、予想外だったことが、明確な証拠映像として届けられたことで、古い太陽系のイメージは大きく書き換えられることになりました。

そのボイジャーが今、太陽系の果てを越えて、銀河空間へと進出しようとしています。ボイジャーの惑星観測ミッションはすでに終了していますが、磁場や粒子を感じるセンサーはいまだ健在で、太陽系の果てを確認する作業を続け、データを地球に送り続けています。

夢をつないでくれたボイジャー

宇宙探査機「ボイジャー1号」が木星や土星に接近し、鮮明な画像を地球に送り届けてくれたのが1979～80年。巨大惑星の映像が初めてテレビに映しだされたのは、1977年の打ち上げから2年後のことです。

一方、先に宇宙に出たものの、選択した飛行軌道から、やや遅れて木星、土星に到着した「ボイジャー2号」は、土星に接近した後、その重力を利用した方向転換と加速をおこない、さらに外側の惑星である天王星、海王星に向かい、最終目的地である海王星には1989年に到達しました。

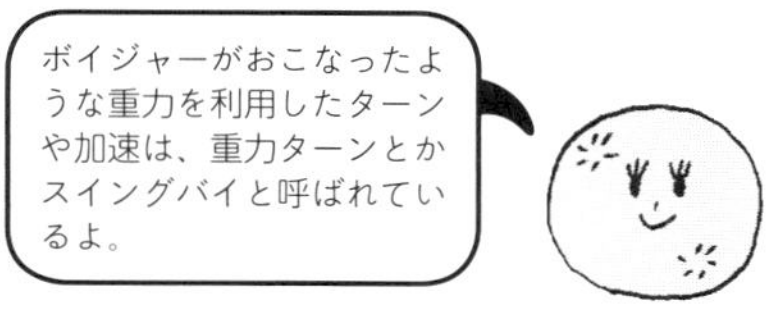
ボイジャーがおこなったような重力を利用したターンや加速は、重力ターンとかスイングバイと呼ばれているよ。

あらゆる年代の人たちが、初めて目にする外惑星の素顔にふれて興奮しました。そこに存在できる可能性のある生命像について、描きあげたデザイン画をもとに、生活スタイルなどの予想を加えて熱く語った科学者もいました。

そのとき見た映像や特別番組に惹きつけられた当時子どもだった人たち、宇宙が舞台のSFアニメやテレビ番組で育った人たちが今、宇宙研究の中心にいます。そして、戻ってきた「はやぶさ」に感動した子どもたちの中にも、宇宙をもっと知りたくなって研究者をめざす決意を固めた人がいることでしょう。

宇宙をもっと知りたい。わかりたい。そんな思いは、バトンとなって次の世代へと引き継がれていきます。そうやって心でつながっていくリンクもまた、人類の資産といえるのではないでしょうか。

さて、そのボイジャー1号ですが、2012年のうちに太陽系の果てを越えて銀河系の中に入っていくと予想されていました。ところが2012年の年末に届いたアメリカ航空宇宙局（NASA）からの報告によると、ボイジャー1号はいまだ太陽系を取り巻く泡のような磁場をキャッチし続けていて、太陽系の内側となる「太陽圏（ヘリオスフィア）」に留まったままで、境界領域である「ヘリオポーズ」を越えてはいないといいます。

「予想以上に広かった太陽系！」という見出しの記事を読んで浮かんでくるのは、「それじゃあ、太陽系の本当の果てはどこ？」という疑問です。

太陽系の果ての新たな定義

接する機会のある子どもたちや、いっしょに仕事をしている大人たちに、「どこまでが太陽系？」と尋ねてみると、「冥王星の軌道あたりまで」とか、その外側に広がる太陽系第2の小惑星帯である「エッジワース・カイパーベルトまで」という答えが、よく返ってきます。

しばらく前までは、主要な惑星、天体が存在するところまでが太陽系という認識も、たしかにありました。ですが今は、科学的にもう一歩踏み込んだ別な「太陽系の果ての定義」も存在しています。太陽から放出されている高温のプラズマである「太陽風」が届く範囲を太陽系とするという考え方もそのひとつです。

原子は、原子核とそのまわりをまわる電子によってつくられていますが、プラズマとは原子が原子核と電子に分かれた（**電離した**）粒子のことです。たとえば最小の原子である水素は電子と陽子に。ふつうのヘリウムは、陽子2個、中性子2個の「ヘリウム原子核」と電子に。ヘリウム3と呼ばれる「軽いヘリウム」は、陽子2個と中性子1個のヘリウム原子核と電子に。こんなふうに原子核と電子が分離した状態がプラズマだと思ってくださ

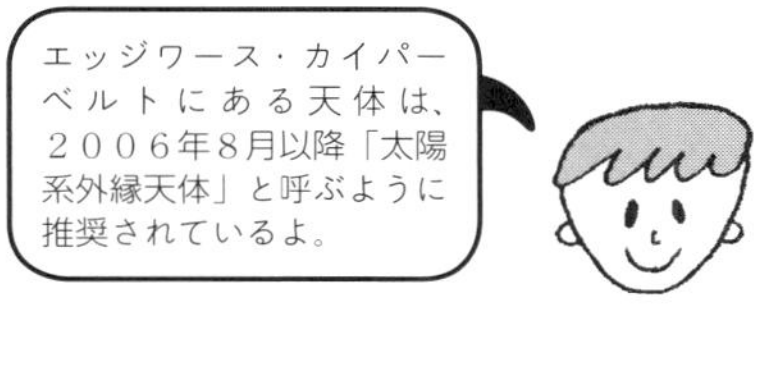
エッジワース・カイパーベルトにある天体は、2006年8月以降「太陽系外縁天体」と呼ぶように推奨されているよ。

い。なお、α《アルファ》線という名称で知られている放射線は、このふつうのヘリウムの原子核とイコールです。

原子核はプラスの電荷を、電子はマイナスの電荷をもっています。太陽の表面からは、こうしたプラスの電荷をもった粒子とマイナスの電荷をもった粒子が、途切れることなく全方位に放出されています。それが、太陽からの風「太陽風」と呼ばれるものです。

太陽風がもたらす現象のもっとも身近な例としては、地球にオーロラをつくるもとになるもの、といえばわかりやすいでしょうか。なお、太陽からは同時に、高エネルギーの電磁波であるガンマ線やX線なども放出されています。

太陽風は日常的に吹き出しているものですが、太陽表面の爆発現象である「太陽フレア」は、暴力的なほどのプラズマを放出します。通常のものが「風」と表現されるのに対して、爆発的な放出は「太陽嵐」とも呼ばれます。航空機の電子機器や地上の回線ネットワークに大きな障害をもたらしたり、宇宙ステーションの乗組員の命を脅《おびや》かす可能性があるものとして、多くの国や企業、研究者が警戒しているものです。

感じるボイジャー

太陽圏を飛行していたとき、ボイジャーは常に背中に太陽からの風、「太陽風」を感じ

プラズマは、固体、液体、気体につづく、物質の第4の状態をあらわすよ。

● **ボイジャーはいよいよ太陽系の外へ？**

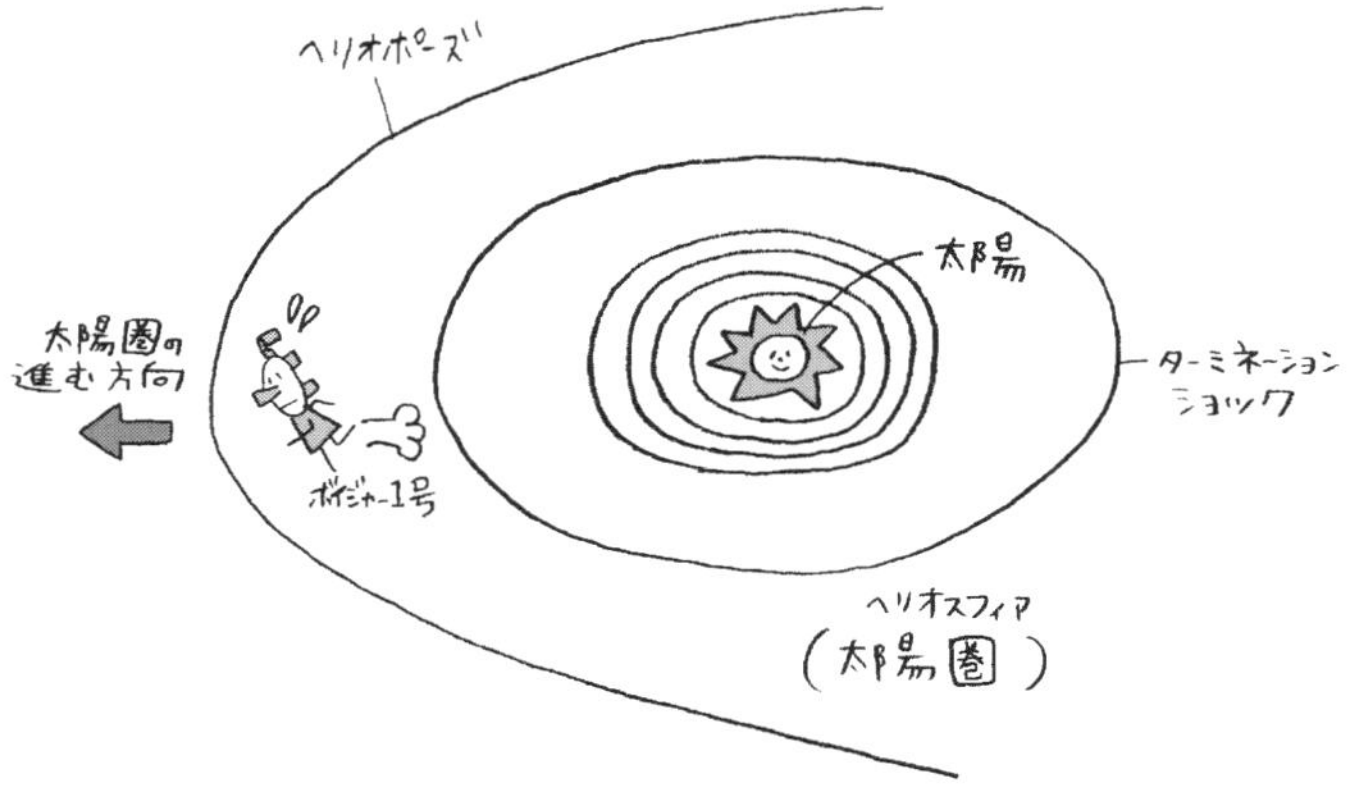

ターミネーションショックは「末端衝撃波面」といって、太陽風と太陽系外からの星間ガスがぶつかって太陽風が減速する境目。

ていました。背に受ける風。それが、太陽系の中にいる証《あかし》でもありました。

２０１１年の後半、ボイジャーは新たな領域に突入しました。そこでは背後からの粒子の流れは弱くなり、同時に前方からの粒子も観測されるようになりました。

太陽からの粒子と太陽に由来しない太陽系外の粒子がともに観測される領域は「よどみエリア」という名前で呼ばれていて、そこが太陽系の最外殻になります。その領域に達したことがはっきりしたことから、ＮＡＳＡは、「近々、ボイジャー１号は太陽系の外へ出る」と宣言したわけです。

ところが、予想に反していまだボイジャーは太陽系内に留まり続けています。順調に飛行し続けているにもかかわらず計器がそこがまだ太陽系の内であることを示していることから、「予想以上に太陽系は広かった……」という認識に至ったわけです。

ボイジャーが飛行するよどみエリアには、太陽に由来する磁場がたくさんの泡状になって存在している領域があることがわかってきました。太陽系をぐるりと取り囲むように存在する磁場の泡は、そのまま「磁気バブル」と呼ばれています。計算によれば、泡１個の大きさは、直径が地球と太陽の間の距離を単位とした１天文単位ほど。人間の尺度からすれば、かなり巨大です。

ボイジャーが太陽系内にいると確認された最大の根拠がこの磁気バブルです。ボイジャー１号は２００７年ごろ、２号は２００８年ごろにバブルに突入したと考えられていたため、そろそろ抜けるころと推測されていたのです。

２０１２年末、ボイジャー１号は太陽からおよそ１８０億キロメートルのあたりを飛行中ですが、この場所にあってなお、ボイジャーは太陽に由来する磁場を計測し続けています。

太陽の重力圏

こうした考えに対し、太陽の重力が及ぶ範囲、すなわち太陽の重力圏の内側こそが太陽系であるという主張もあります。太陽の質量に引かれ、太陽を周回する天体、微小天体が存在する領域を太陽系と呼ばなくてどうする。そんな考え方です。

冥王星軌道から外には第2の小惑星帯であるエッジワース・カイパーベルトがあり、その外側には無数の微小な天体や氷などの微粒子が球殻状《きゅうかくじょう》に取り巻くように太陽系を包み込む領域があると考えられていて、「オールトの雲」と呼ばれています。

オールトの雲はエッジワース・カイパーベルトからゆるやかに途切れなく続いていると考えられていますが、しっかりと実在するのか、実在するとしてどのくらいの規模なのかは、まだほとんどわかっていません。ただ、その領域が長周期彗星の故郷であり、それなりに大きな天体が存在することはたしかです。

そこに木星よりも大きな質量をもつ惑星が存在している可能性があるという論文も発表されていて、日本人研究者も冥王星に替わる9番惑星がそこにある可能性を指摘していますが、確実な情報はまだ得られていません。

長周期彗星とは、公転周期が２００年以上の彗星と非周期彗星（多くは一度限り）の彗星のこと。これに対し、公転周期が２００年未満の彗星を短周期彗星と呼んでいるよ。

3 探査機が教えてくれる太陽系の素顔

冥王星の素顔を

２００６年、これまで惑星のひとつに数えられてきた冥王星が惑星の座からすべり落ち、近い軌道をめぐるエリスやマケマケ、ハウメア、火星・木星間の小惑星帯の代表格だった小惑星ケレスとともに、新たに定義された「準惑星《じゅんわくせい》」という枠の中に入れられるという「事件」が起きたことをおぼえている方も多いはずです。

その際は、遠くて、まだだれも直接見たことのない天体だったにもかかわらず、「惑星降格にショック……」という声を多く聞きました。

これまで太陽系さいはての惑星として君臨してきた冥王星に特別な思いを抱いていた人も多かったということでしょう。筆者を含め、「冥王」の星という、一見不吉な響きをクールと感じている人もたしかにいたのです。

その冥王星の素顔が暴かれるまで、あとわずかになりました。「ニュー・ホライズンズ」と命名された探査機が冥王星に向かっている最中で、２０１５年の２月から８月ま

火星・木星間にある小惑星帯のことを、アステロイド・ベルトというよ。

で、半年をかけて冥王星やその衛星を至近距離から観測することになっています。

ボイジャーが天王星や海王星の素顔を暴いてから30年。待ちに待った探査に、いまからドキドキ、ワクワクしている人はきっと多いにちがいありません。

生命の素である水を求めて

火星と月は、日本を含めた複数の国が、無人の探査機や探査車を使って継続的な探査をおこなっています。その成果のひとつとして、たとえば月の極地に存在するクレーターの底には永遠に太陽の光が差し込まない部分、永久影《えいきゅうかげ》があり、その底部や壁に氷が存在する証拠も見つかっています。

灼熱《しゃくねつ》世界であるはずの水星にも、月と同様に永久影になる場所があり、そこに氷を示す証拠が発見されたというニュースが2012年に伝えられました。かつては豊かな水をたたえた星だった火星の地下からも、水を示す証拠がいくつも見つかっています。

氷といえば、ハワイに設置されている日本の地上望遠鏡「すばる」が、冥王星の二重星ともいえる巨大な衛星カロンの表面に氷を発見したと発表したことがありました。20世紀の末のことです。それも、おそらくは数年後のニュー・ホライズンズの観測によって確認されることになります。詳細な報告を座して待ちましょう。

月や火星に水があるどうか各国が手段を尽くして確認しているのは、ひとつには、その水や氷を通して惑星や衛星に水が運ばれた経緯を理解したいと考えているためです。それはすなわち、地球が水の惑星である理由を探るための一助にもなります。

将来、有人の宇宙船をふたたび月や火星に送り込んだり、そこに人間が長期滞在することも複数の国によって検討されていますが、その際、生活のための水や飲料水を現地調達できれば、水以外のものをあれこれと宇宙船に積み込むことができます。水を分解して作った酸素や水素は、燃料や呼吸のための空気のリフレッシュにも利用することが可能です。そうした将来構想もあって、水のある場所やその量を確認しているわけです。

太陽風が水をつくる？

太陽系の惑星や衛星の表面にある水の多くは、冥王星軌道の外からやってくる彗星によってもたらされたというのが定説ですが、ほかにも由来がある可能性が最近になって指摘されるようになりました。

月面の土壌中のガラス成分の中には、酸素と水素が結びついたヒドロキシ基《き》がかなりの量、含まれています。なぜ存在するのか、その理由はこれまで謎とされていましたが、どうやら太陽風の成分のひとつとして太陽から吹き出している陽子（＝**水素の原子核**）が、酸化

酸素と水素がつながった「－ＯＨ」という構造をヒドロキシ基と呼ぶよ。

物の形で存在する酸素と衝突し、結びついてできたもののようです。

核融合によって熱や光を放ち続けている太陽。そんな熱や光の象徴のような太陽に由来する水が存在する。しかも、それを将来、利用するかもしれないと考えると、不思議な感動をおぼえませんか？

サンプルリターンからわかること

かつての太陽系探査といえば、探査機を飛ばして目標とする天体に近づいてその映像を撮ったり、周回軌道など、離れた場所から各種センサーで情報を集め、解析するといったことが中心でした。

それが可能であったなら、岩石や土壌なども地球に持ち帰って調べたいところでしたが、人間が直接降り立った月以外の場所からのサンプルを持ち帰ることは技術的に困難でした。

もちろん、地上に落ちてくる隕石からも得られる情報はたくさんあります。しかし、地球に落ちたときの摩擦《まさつ》熱《ねつ》や衝撃で変化してしまう組織もあり、付着してしまった地球物質の分離も簡単にはできません。ほしい情報を有する隕石が見つかるかどうかも運しだいです。

できればサンプルは、宇宙にあったままのクリーンな状態を保ちたい。地球の外にある

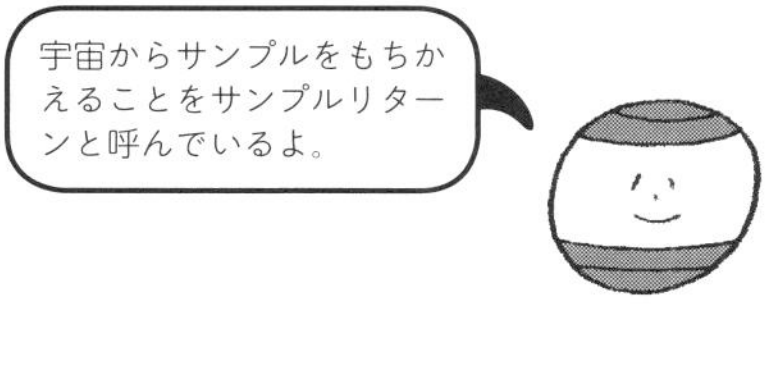
宇宙からサンプルをもちかえることをサンプルリターンと呼んでいるよ。

小惑星や彗星、惑星、衛星――。目的の場所から、ピンポイントでクリーンな状態のサンプルを入手、地球に持ち帰りたい。それは宇宙を研究する人々の夢のひとつでもありました。

たとえば、古い小惑星には太陽系ができた当時の物質が手つかずのまま残されています。つまり、そこから物質を持ち帰ることができれば、太陽系ができたころの状況を知り、惑星形成の秘密に迫ることが可能になります。証拠となる試料の入手を切望する研究者はとても多かったのです。

しかし、夢を夢のままで置いておかないのが人間という生き物。足踏みをしていたときも、試行錯誤は続いていました。

そして、コンピュータをはじめとする各種技術の発達や蓄積した経験のおかげで、今ではいくつものやり方でサンプルを持ち帰ることができるようになりました。具体的には、目的とする天体に着陸してそこにある物質を採取したり、その天体の一部を外へと弾き飛ばして回収したり、その天体が宇宙空間に残した物質を集めたりします。ＮＡＳＡの探査機とともに、その技術の確立に大きく貢献してくれたのが２００３年に打ち上げられた、われらが「はやぶさ」でした。

はやぶさは、数多《あまた》の障害を乗り越えて小惑星のイトカワに着陸し、その表面にある細か

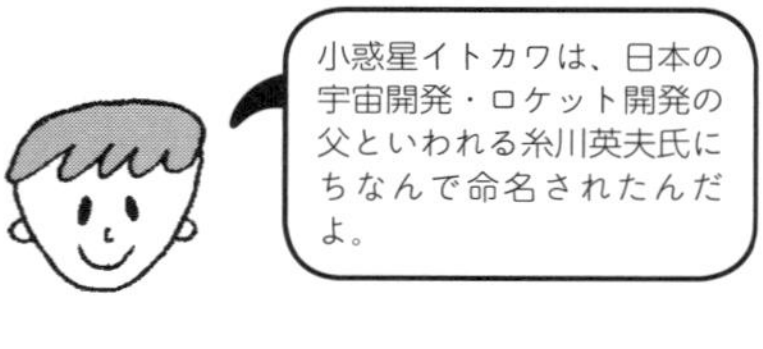
小惑星イトカワは、日本の宇宙開発・ロケット開発の父といわれる糸川英夫氏にちなんで命名されたんだよ。

いパウダー状の砂礫《されき》（**レゴリス**）を地球へと持ち帰ってくれました。

はやぶさの持ち帰ったイトカワのサンプルはまだまだ分析の途中ですが、はやぶさの成功を受けて、次の計画も進行中です。イトカワは砕けた岩石が主成分の小惑星でしたが、次は異なるタイプの小惑星からのサンプルリターンをめざしたいという希望から、「はやぶさ2」では水を含んだ鉱物や炭素を含んだ岩石からできている小惑星をターゲットにすることが決まっています。

彗星には多くの種類の有機物が存在する

生命を生み出す基本素材となる有機物を地球に運んだのは、かつては不吉な存在としておそれられもした彗星であると考えられています。ＮＡＳＡはそんな彗星に強い関心をもっていて、彗星からのサンプルリターンプロジェクトを推進してきました。

１９９９年に打ち上げられた探査機「スターダスト」は、ヴィルト第2彗星に接近し、尾の中に入って彗星を追うことで、彗星核からチリとして放出される粒子を集めることに成功。集められた彗星のチリは、密閉されたカプセルに閉じ込められて地球に落とされました。これが探査機による地球初のサンプルリターンです。

もともと彗星の中心にあるコマには、水や一酸化炭素、二酸化炭素、アンモニアなどのほか、メタン、メタノール、シアン化水素、ホルムアルデヒドなどの有機化合物が存在することが、地上からの分光分析などによって判明していました。

ここに挙げたような揮発《きはつ》しやすい物質は比較的簡単に見つけることができますが、岩石中にあったり、ほかの物質と強く結合しているものを地球から見つけるのは事実上困難であったことから、現場から調達されるサンプルが強く求められたわけです。

ヴィルト第2彗星から持ち帰った試料からは、タンパク質を構成する材料であるアミノ酸のグリシンのほか、炭素6つが環状に6角形を形作るベンゼンや、ナフタレンなどのや複雑なものも検出されました。

地球に生命を生み出すことになった有機物質はもともと宇宙空間にあり、それが時間をかけて地球に落ちてきたことが地球生命の誕生につながったとする説を、この結果で、あらためて確認することができたわけです。

4 宇宙のかなたを見る望遠鏡

増え続ける太陽系の衛星

地球からは発見できない、暗く小さな天体も、近くまで行けば見つけることができます。ボイジャーは訪れた惑星に多くの新衛星を見つけました。

しかし、今は地球上に設置された望遠鏡も大型化、高性能化が進み、これまで見えなかった微小サイズの天体も発見することが可能になりました。電波を使った観測の技術も向上しています。さらには、地球の大気の影響を受けない宇宙空間にも可視光《かしこう》や赤外線、X線を使った撮影ができる望遠鏡や観測装置が複数置かれて、大きな成果をあげています。たとえば、何度か名前を出した冥王星。2012年までに5個の衛星が確認されていますがこれらの衛星の発見も望遠鏡による観測の成果です。

新衛星や準惑星サイズの天体が新たに発見されたとき、大きさとともに、その名前にも関心が集まるのは世の常。かつては、おもに古代ギリシアやローマの神々の名前が付けられてきましたが、有名どころはすでに使われてしまったことから、最近ではマケマケやハウメアなど、ポリネシアやミクロネシアの神話からも名前が採用されるようになりました。今後、準惑星に分類される可能性のあるセドナという小惑星は、北米極地に暮らすイヌイットの海の女神からその名前をいただいています。冥王星軌道の外側で発見される比較的大型の天体は、今後もこうした各地の神話から名前をもらうと考えてよさそうです。

そんな惑星や衛星の名前の中で、個人的に楽しく、興味深く思っているのが、7番目の惑星である天王星の衛星のネーミングです。主星・天王星（**ウラヌス**）こそ、ギリシア神話のゼウスの祖父にあたる神の名前ですが、『夏の夜の夢』のオベロンやティターニア、『テンペスト』のミランダやプロスペロー、『ハムレット』のオフィーリア、『ロミオとジュリエット』のジュリエットなど、衛星のほとんどすべてがウィリアム・シェイクスピアの書いた戯曲の登場人物の名前に由来をもっています。作品のセリフを思い浮かべつつ眺めると、その場所がにぎやかな舞台にも見えてきます。

赤外線やX線による観測

さて、余談はここまでにして、宇宙望遠鏡による天体観測に話を戻しましょう。

現在、地球近くの空域には複数の宇宙望遠鏡があって、観測作業を続けています。ハワイ、マウナケア山山頂に置かれている日本の巨大反射望遠鏡「すばる」のほか、地上にもたくさんの望遠鏡がありますが、地上ではどうしても大気のゆらぎの影響を受けてしまうほか、大気の吸収の問題などから観測できる波長にも制限を受けます。地球が自転しているために昼間は観測ができず、宇宙の特定の一点に焦点を合わせ続けるのも大変です。打ち上げるための初期コストはかかりますが、宇宙空間に望遠鏡を設置できれば、こうしたさまざまな問題を気にすることなく観測や撮影を続けることができるようになります。そのため、この20年、いくつもの観測機器が打ち上げられてきたのです。

宇宙望遠鏡としては、たびかさなる故障も乗り越えて多くの成果をあげてきたハッブル宇宙望遠鏡がよく知られています。ハッブルは人間の視覚に準じた可視光で宇宙を観測している貴重な望遠鏡です。「貴重」ということばを使ったのは、宇宙にある望遠鏡のほとんどが可視光よりも波長の長い赤外線や、逆に波長の短いX線やガンマ線を使って観測しているためです。

宇宙にあるさまざまな天体や現象、宇宙の歴史を探るための観測には、適した波長というものがあり、その多くは可視光ではない領域で重要な情報を得ることができます。そのため可視光以外の波長の望遠鏡が多数採用されているのです。

２０１１年に運用が終了した日本初の赤外線天文衛星「あかり」や、欧州宇宙機関（ESA）の「ハーシェル宇宙望遠鏡」、ＮＡＳＡの「スピッツァー宇宙望遠鏡」は赤外線を使ってビッグバンの名残《なご》りである「宇宙背景放射《うちゅうはいけいほうしゃ》」など、宇宙の初期の状態を観測しています。誕生したての星や、質量不足のために太陽のような輝く恒星になれなかった褐《かっ》色矮星《しょくわいせい》、年老いた星の姿も、赤外線で観測することで多くの情報を集めることができます。

日本のＸ線天文衛星「すざく」やアメリカの「チャンドラＸ線観測衛星」などは、名前のとおりにＸ線を使って宇宙を探っています。強いＸ線源となっているブラックホール周囲の物理現象など、高エネルギー現象の観測に威力を発揮します。

大きく重い恒星が進化した姿である通常のブラックホールや、銀河系のほか、多くの星雲の中心部に存在している大質量のブラックホール以外に、その中間の質量をもった中質量のブラックホールが存在することを突き止めることができたのは、チャンドラＸ線観測衛星の観測の成果です。この衛星は、暗黒物質（**ダークマター**）が確実に存在する証拠も、いくつも見つけています。

あいつぐ系外惑星の発見

こうした宇宙望遠鏡のほかにも、注目したい観測機器が宇宙空間に存在しています。それは、ＥＳＡの「コロー」やＮＡＳＡの「ケプラー」といった太陽系外の惑星を発見することだけに特化した衛星で、惑星がその主星である恒星の前を通ったときに生じるわず

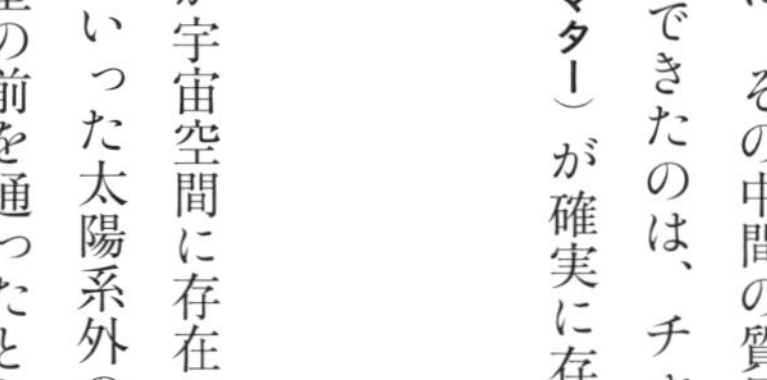
チャンドラの名称は、恒星が中性子星になる質量限界を導き出した物理学者のチャンドラセカールからつけられたんだ。

かな減光を計測することなどで、惑星の存在を確認し続けています。

２０１2年末の時点で、確認された太陽系外惑星《たいようけいがいわくせい》（**系外惑星**）は８５０個以上。さらに2千個もの天体が惑星候補としてチェックされています。惑星は宇宙ではごくごくありふれたものであることがはっきりと証明された今、そのうちのどのくらいの星に生命が存在するのかということに課題が移りはじめています。地球外生命との邂逅《かいこう》ははたしてあるのかどうかといったことを含め、興味深いこのテーマについては、地球の生命と彗星との関係などとともに、2章で少し深く掘り下げてみることにしましょう。

5 地球をめぐる宇宙ステーション

国際宇宙ステーション

地球の周回軌道上にある宇宙ステーションは、ＳＦが描く未来の象徴のようなものでした。マンガや小説や映画の中で、宇宙ステーションはほかの天体に行くためのスプリング・ボードとして描かれたり、地球への玄関口として描かれていたりしていました。

現在の国際宇宙ステーション（ISS）はまだ実験のための施設ではありますが、たとえば１００年後や２００年後に造られるかもしれない宇宙ステーションは、20世紀に思い描かれたような存在になるのかもしれません。

地上に比べてさらされる放射線が強く、重力も感じない環境。そんな宇宙に長時間滞在したら、人間の体や地球から連れてきた動物や植物にはどんな影響が出るのか。未来の宇宙開発のこともふまえて、国際宇宙ステーションではデータを取り続けています。

たとえば半年そこに滞在した宇宙飛行士が浴びる放射線の量は、地上で１００年生活した分に相当します。それは、もしも今、火星に有人の宇宙船を送り込む計画が実行に移されたとしたら、現在の宇宙ステーションや宇宙船のシールド環境のままでは、往復によって、宇宙飛行士の人体が許容を超える放射線にさらされてしまうことを意味します。

宇宙はあこがれの場所ではありますが、同時に戒《いまし》めとして、さまざまな危険と紙一重の場所でもあることを教えてくれるのが宇宙ステーションという場所なのです。それでも、それがわかった上で、宇宙に恋をしてしまうのが人間という生き物なのかもしれません。

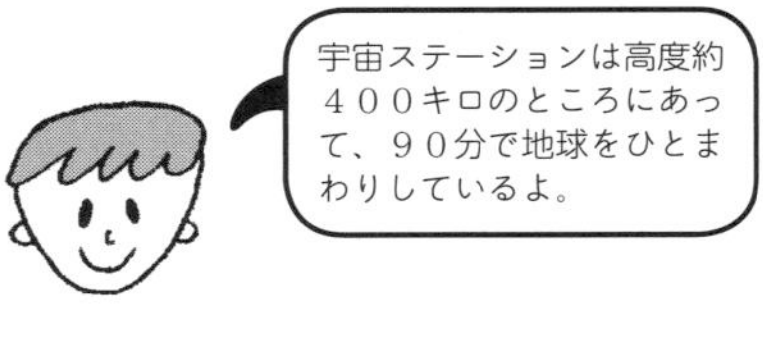
宇宙ステーションは高度約４００キロのところにあって、９０分で地球をひとまわりしているよ。

スペースデブリを一網打尽

宇宙から落ちてきたやつが、部屋でお茶をすすっている。地元の友人が送ってくれた静岡茶だ。子どものような小さな手で、湯飲みを抱えるようにもっている。

名前は教えてくれなかったので、彼のことをひとまず「こすも」と呼ぶことにした。コスモスの「こすも」。宇宙から落ちてきたから、という単純なネーミングだが、本人も意外と気に入ったようで、ニコニコと笑った。

そんなコスモくんが、眉根を寄せて湯飲みの中を覗きこむように見ている。

「ゴミ、そうとう増えたよね」

「お茶から変な味がするか？」

慌てて聞く。

「え？　おいしいよ、お茶」と、コスモくん。次の瞬間、悟ったようにほほえんだ。

「宇宙のことだよ。地球のまわりにゴミが増えたなぁ、って」

「あぁ、スペースデブリってやつか」

1センチメートルほどの小さいものを含めると、宇宙ゴミは今では100万個を超えているという。

「そう。前はあんなになかった。危険だよ、今のままじゃ」

前ってことは、こいつは何度も空から落ちてきているっていうことなんだろうか……。

それより、デブリがあるのは大気圏の外だぞ？　空気もなくて、平気……なのか？

いや。平気なんだろうな。涼しい顔して宇宙から落ちてくるようなやつなんだから。

「でも、仕方ないよな。自動で部屋を掃除してくれるロボットの宇宙版でもあればいいんだろうけど。難しいよ……、宇宙の掃除は」

そう返すと、きょとんとした顔でコスモくんがこちらを見た。

「革新的なアイデア、出されているんだよ。知らない？」

「へ？」

「十把一絡《じっぱひとから》げ……じゃない、一網打尽《いちもうだじん》ってことばもあるじゃない。日本には。投網《とあみ》で魚をとるイメージで、宇宙で網を広げてそのかたわらにあるデブリを根こそぎ集めたうえ、網ごと大気圏に落として燃やしてしまおうっていう考えなんだって。おもしろいよね」

そして、柔道の一本背負いのように何かを投げるポーズをした。

聞くと、日本の漁網メーカーの力を借りて宇宙ゴミを一気に減らす研究が進められているらしい。たしかに、1個1個拾い集めるよりは経済的だし、効果も大きそうだ。

この半世紀で宇宙に飛び出していった宇宙船や打ち上げられた人工衛星は数知れない。

打ち上げに失敗したものや、役目を終えた後、ただ周回を続けているものもある。

人類がこれからもっと宇宙を利用したいと考えるのなら、今まで散らかしてしまったゴミを集めるのは正解だろう。いや、自分たちの安全の確保にもつながるんだから、それは義務といったほうがいいのかもしれない。

ぼくが地球に来た目的？
それは本を読んでのお楽しみ！

宇宙の化身？

コスモくん

Cosmo

ある日突然宇宙からあらわれた謎の男の子。他人の考えていることが読めるらしい。幼い見た目とは裏腹に、宇宙に関する知識は豊富で、神の叡智をもつ。それもそのはず、なんたって彼は宇宙の化身なのだから……？　宇宙の謎を解くカギをにぎるナビゲーター。

1

本当は冥王星も仲間だったんだけど、別のグループに移籍しちゃった。

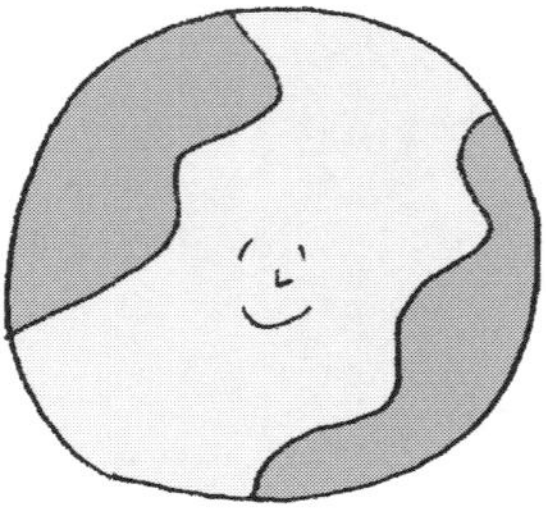

太陽系の象徴的存在

惑星さん

Planet

地球をはじめ、太陽のまわりを公転する大きな８つの天体、すなわち水星、金星、火星、木星、土星、天王星、海王星のこと。同じ惑星でも太陽からの距離や誕生のしかたによって環境はさまざまで、岩石惑星、巨大ガス惑星、巨大氷惑星の３種類がある。地球は岩石惑星。

2

第1章

目に見える宇宙

空を見上げた先にあるもの

1 地球から見える光

星はすばる

「星はすばる」と、千年も昔に清少納言《せいしょうなごん》が『枕草子《まくらのそうし》』の中でつぶやいています。夜空の星の中で、すばるがいちばん好き、いちばん素晴らしいという主張です。

すばる（昴）は、牡牛座にあるプレアデス星団のこと。密集した数個の星が青白く輝くプレアデス星団は、地球からおよそ４００光年先にある、生まれてまもない若い星の集団で、平均的な視力なら、6～8個の星をそこに見つけることができます。じっと見つめていると、かたまった宝石のようにも見えてくるその輝きには、美しさだけでなく力強さも感じられて、日本をはじめ、多くの国の神話や古記録に登場するのもうなずけます。

もしかしたら清少納言は、「すばる」という響きのいい語感や、当時の人々の嗜好を汲《く》んですばるの名前を出しただけで、本当のところ、それほど好きではなかったのでは、という意地の悪い主張もときに聞こえてきたりしますが、当時の人々も、暗くなればごく自然に夜空を眺めていたでしょうし、街灯などほとんどなかった古《いにしえ》の町では、きらめく星々

生まれてまもないといっても誕生は約２千万年ほど前だよ。

は今よりもずっとくっきりと見えていたはず。

宮中のことや執筆活動に忙しかった清少納言も、なにか、あるいはだれかを思いながらベガやアルタイルや、シリウスやすばるを見上げたことがきっとあったと思います。

惑星の色、恒星の色

さて、そんな見上げる「星」には、赤や青などの「色」があります。

たとえば、火星や金星、木星やその衛星のイオなど、ハッブル宇宙望遠鏡やボイジャーが撮影した写真を見ると、色のバリエーションがとても豊かなことがわかります。

惑星や衛星の色は、星の表面にある物質やその状態、大気の組成《そせい》などによって決まります。「地球は青かった」という名言もあるように、一歩離れた空間から見た地球は、宝石のような青い色。広大な海が、地球の瑠璃《るり》の青さをつくりだしていました。

見上げた月からもわかるように、惑星や衛星の色は、太陽の光が射したその反射によってつくられています。届いた太陽光の中の特定の波長の色を吸収したり反射したりすることで、色や柄が浮かび上がってくる、というしくみです。

ということは、その「色」をもとに、さまざまな手段を駆使して解析することで、そこにどんな物質があるのか、その物質がどんな状態にあるのか、地球からでも、ある程度は調べることができるということです。

また同時に、その天体に届いた光に対する反射の割合、いわゆる反射能を調べることで、凍りついているとか、大気があるとか、雲があるとか、その状態を知ることができます。むきだしの岩石に覆われている場合も、組成によって反射能が変わってくることから、そこにある物質の種類を判断する補助材料になります。

火星が赤く見えるのは、火星表面の岩石が大量の酸化鉄を含んでいるためだとか、探査機が映した木星の衛星イオの写真が黄色っぽく見えるのは火山が吹き出したイオウのせいだとか、海王星が青く見えるのは大気中に豊富にあるメタンが太陽光の長波長——赤側の光を吸収しているからだとか、そんなことがわかるわけです。

その一方で、さそり座のアンタレスやオリオン座のベテルギウスが赤く、おおいぬ座のシリウスが青白く見えるように、夜空の主役である恒星の色もまたカラフルです。

ただ、そこには一定のきまりがあって、あまり突飛《とっぴ》な色は存在しません。

ひとつひとつがちがう組成をもっている惑星や衛星とは異なり、恒星をつくる物質は狭い範囲に限定されています。みずから輝く恒星の中にあるのは、基本的に1番目と2番目に軽い元素である水素とヘリウムのみです。このうちの水素が核融合を起こして熱と光を発することで、すべての恒星は輝きを放ちはじめます。

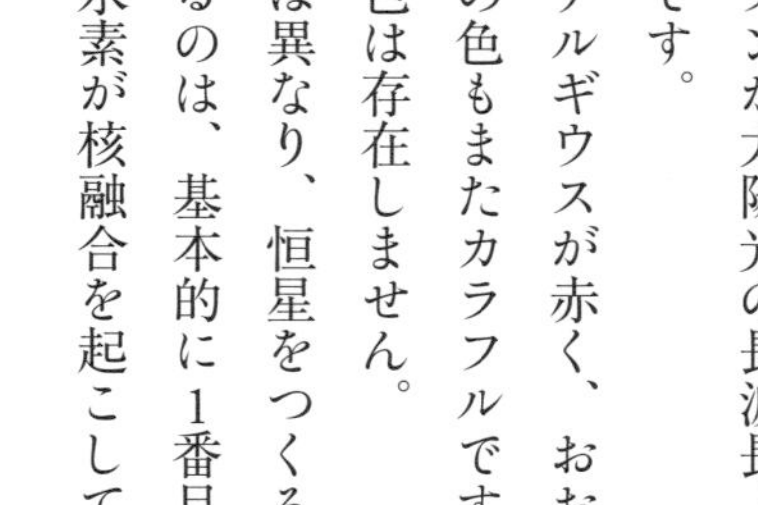
酸化鉄は赤いサビのようなものと思うといいよ。

どんな恒星も、最初は水素の核融合から始まるのですが。そこでわき上がってくるのが、「同じ素材なのに色がちがってくるのはなぜ？」という疑問です。

簡単にいうと、色のちがいを生み出しているのは、「恒星の表面の温度」です。

電熱線を使ったコンロに電気を通すと、最初はぼんやり赤くなり、温度が上がるにつれて白っぽさが増していきますよね。原理は恒星も同じ。温度の低い恒星は赤く、高温になるにつれて、橙《だいだい》、黄色、檸檬《れもん》色、白と色が移っていきます。ちなみに私たちの太陽は黄色と定義されていて、表面温度はおよそ6千度。赤い星は太陽より温度が低く、白い星は私たちの太陽より温度が高い――熱いと思ってください。

しかし、恒星の色はそこで留まるわけではありません。もう一段、上があります。さらに温度が上がると、星は青白くなり、さらに高温になるにしたがって青みが強まっていきます。が、恒星の色としてはここまで。さくら色や萌葱色《もえぎいろ》をした恒星は、残念ながらありません。それでも、赤、橙、黄色、檸檬色（淡黄色）、白、青白、青が散りばめられた星空は、彩り豊かな宝石箱のよう。十分な美しさです。

本当の宇宙は見えていない？

地球のような惑星や、惑星をめぐる衛星。小惑星や小惑星とも呼べないほどの小さな天

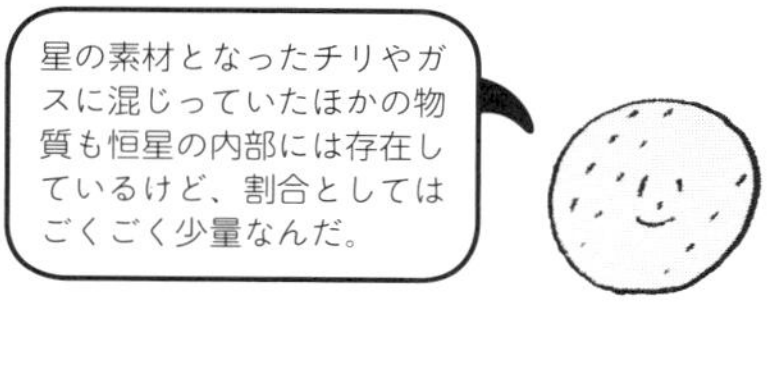
星の素材となったチリやガスに混じっていたほかの物質も恒星の内部には存在しているけど、割合としてはごくごく少量なんだ。

体たち。ときどき長い尾を引いて空間を横切っていく彗星たち。夜空を彩る恒星のまわりにはそんな星々があって、太陽系のような星系（惑星系）を形作っている。そんなふうに無数の小天体を引き連れた恒星が、1千億から2千億個、ときに1兆個も集まって銀河系のような星雲（銀河）をつくる。さらには銀河が集まって銀河団や銀河群をつくる——。

宇宙はこうしてできていると、私たちは思いがちです。

惑星や小惑星は恒星に比べて小さく、みずから光ることもない。宇宙空間のところどころに目に見えない星間物質があったとしても、それは恒星に比べればわずかな質量のはず。だから、宇宙の重さは、すべての恒星を集めたものに近いのではないだろうか、とも。

調べてみると、実はそうではありませんでした。

恒星や惑星、衛星、その他の微小天体のすべてを足し、単独やプラズマの状態で存在している原子や、ニュートリノなどの素粒子のすべてを足したとしても、宇宙全体を構成しているもののわずか4〜5パーセントにすぎません。純粋な「星」に限ったなら、進化の果てにブラックホールになってしまったものを含めても、宇宙全体の0・5パーセントにしかならないのです。

信じられない、という声も聞こえてきそうですが、これが事実です。宇宙そのものだと信じて疑わなかった世界は、実は宇宙のごくごく一部にすぎなかったということです。

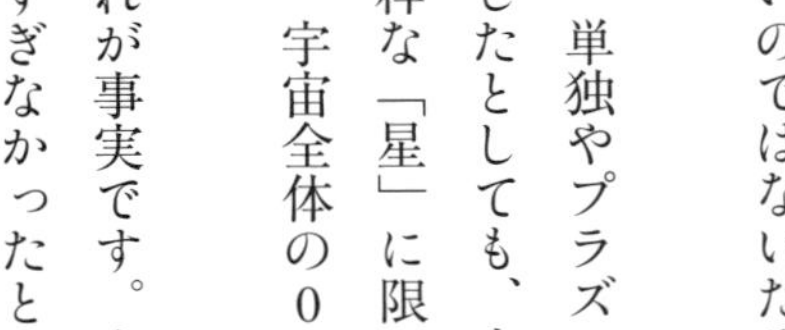
宇宙全体を構成している目に見えるようなふつうの物質を「バリオン」というよ。

残りのうちの23パーセントは、カメラや望遠鏡を向けても映らない、目に見えない物質で、見えないがゆえに、「暗黒物質《あんこくぶっしつ》」とか「ダークマター」とか呼ばれています。暗黒物質はたしかに「物質」で質量をもちます。しかしそれがなんなのか、まだよくわかっていません。推測されているものはありますが、確認されるのはこれからです。

いずれにしても、星として、微小物体として、素粒子の状態として存在している既知の物質の5倍以上の暗黒物質が宇宙にはある。こちらのほうが格段に多い、ということです。

残りの72〜73パーセント、宇宙の7割以上を占めているのは、「暗黒エネルギー（**ダークエネルギー**）」と呼ばれるものです。こちらは、存在することがわかっているだけで、どんなものなのか暗黒物質以上によくわかっていません。

ただ、はっきりしているのは、暗黒物質と暗黒エネルギーが宇宙の進化に大きく影響を与えてきたことと、そして宇宙の未来にも大きな影響を与える存在である、ということです。宇宙を今の形にしたものこそが、この暗黒物質と暗黒エネルギーであるということだけは、はっきりわかっています。

2 軽い恒星は長寿命

色のちがいは寿命のちがい

どんな恒星も、その場所にまとまって存在していた水素やヘリウムを主体とする星間ガスが収縮、回転をはじめることによって誕生します。

誕生の際に材料となったガスの量が、誕生する恒星の質量を決め、星の色を決めますが、同時にその質量が恒星の寿命をも決めてしまいます。さらには、その星がどんな末路をたどるのか、ということもほぼ自動的に決まってしまいます。

できたときの質量で、１００億年以上輝き続けるのか、わずか1千万年で燃え尽きてしまうのか、赤色巨星《せきしょくきょせい》になったのちしぼんで冷たくなってしまうのか、超新星爆発を起こすのか、はたまたブラックホールにまでなってしまうのか、その運命が決まります。

簡単に言えば、赤い星は小さく軽い星で、寿命が長い。逆に青白い星は、大きく重く、あっというまに燃料の水素を使い果たして寿命を終えてしまいます。運命を決める重さの線引きについては、このあと3章で詳しく解説しますが、いずれにしても、たったひとつ

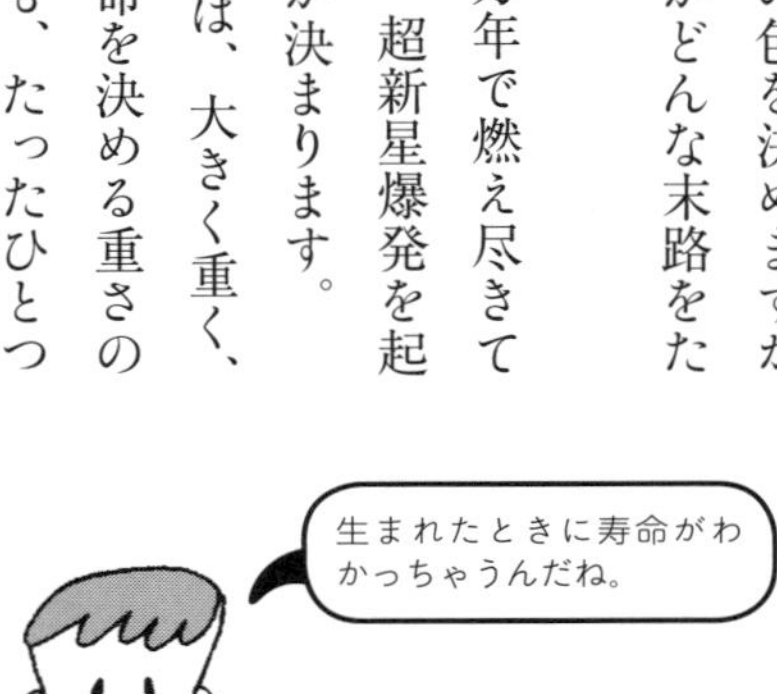

重さがちがうことで、恒星のたどる道は劇的に変わるということです。

もちろん、恒星として輝きを放つようになるための最低条件も存在します。

恒星として光を放つようになるための最低質量は、太陽の7・5パーセント。ただし、太陽質量の1・3パーセント以上ある星は、一時的に、原子核に陽子と中性子をもつ重い水素（**重水素**）による特殊な核融合反応を起こします。重水素2個による核融合は、水素4個による通常の核融合より、低い条件で反応が始まるためです。

ただ、誕生した星が内部にもっている重水素は極めて少量のため、その反応は長くは続かず、星が収縮したことで生まれた熱と合わせても、可視光を発するまでには至りません。多くは数百度、最高でも3千度ほどまでしか温度が上がらず、薄ぼんやりと赤く見えればよいほうで、ほとんどが目には見えない赤外線のみを発する天体となります。

恒星ではなく、かといって惑星でもないこうした星は、「褐色矮星《かっしょくわいせい》」と呼ばれています。褐色矮星は余熱があるうちは赤外線を出し続けますが、内部に熱源がないためしだいに冷えて、惑星とあまりちがわない「冷たい星」へと変わっていきます。

恒星のスペクトル型

終末を迎えた恒星が巨大にふくらんだ巨星や超巨星、その後に残る白色矮星《はくしょくわいせい》や中性《ちゅうせい》子星《しせい》などを除いた「主系列星《しゅけいれつせい》」と呼ばれる一般的な恒星は、明るい順にO型（**青**）～M型（**赤**）まで大きく7段階に分類されていて、その中でさらに、高温（**0**）～低温（**9**）と10段階に細かく分類されています。

ちなみに私たちの太陽は、黄色の中でも黄白色寄りのG2というタイプに分類されます。恒星が発する光の光線成分（**スペクトル**）によるこの分類方法は、「スペクトル分類」と呼ばれています。

左ページに掲載したのが、恒星の表面温度によるスペクトル型（**色**）の分類と、質量・寿命の関係表です。また、その下には、褐色矮星を含めた恒星の明るさ（**光度**）とスペクトルの関係を示した図（**HR図**）を掲載しました。なお、褐色矮星についても、現在はL型、T型という分類がおこなわれています。

この先、宇宙が舞台のSF映画やドラマを観たり、SF小説を読んだときに、作品に登場するだれかが、私たちの太陽によく似た恒星を見て「これはGタイプか」と言ったり、巨大にふくらんだ赤い星を見て「M型だな」と言ったりするのを、耳にしたり読んだりすることがあるかもしれません。ここで挙げたスペクトル分類は、宇宙が舞台の作品をより楽しむのために基礎知識としてもっておくとよい情報のひとつです。

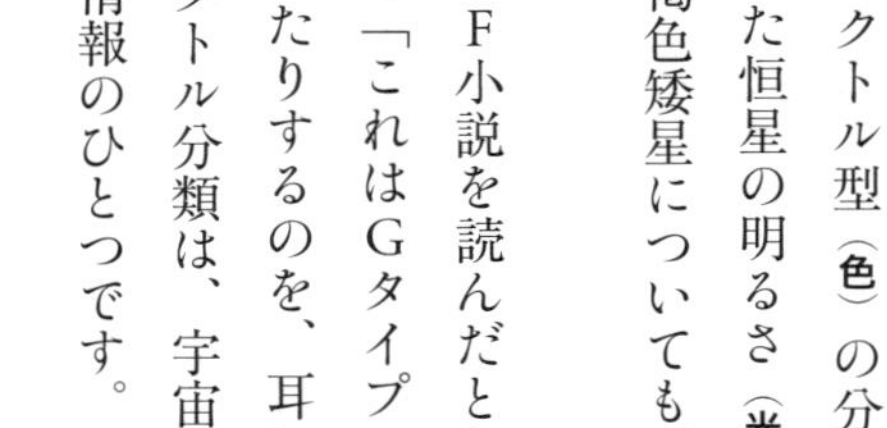
ＨＲ図の正式名称は、ヘルツシュプルング・ラッセル図。恒星の光度と温度の関係を一覧で示すこの図の提案者である２名の天文学者の名前からつけられたよ。

● 恒星のスペクトル型の分類：ハーバード分類

スペクトル型		表面温度（K）	恒星の色	質量	寿命	おもな恒星
従来の型	O 型	30000 ~ 50000K	青	重い	短い	
	B 型	10000 ~ 30000K	青白	↑	↑	リゲル
	A 型	7500 ~ 10000K	白 ~ 青白			シリウス
	F 型	6000 ~ 7500K	淡黄			プロキオン
	G 型	5300 ~ 6000K	黄			太陽
	K 型	4000 ~ 5300K	だいだい			アークトゥルス
	M 型	3000 ~ 4000K	赤			アンタレス
追加	L 型	1000 ~ 3000K		↓	↓	
	T 型	750 ~ 1000K		軽い	長い	

● HR 図

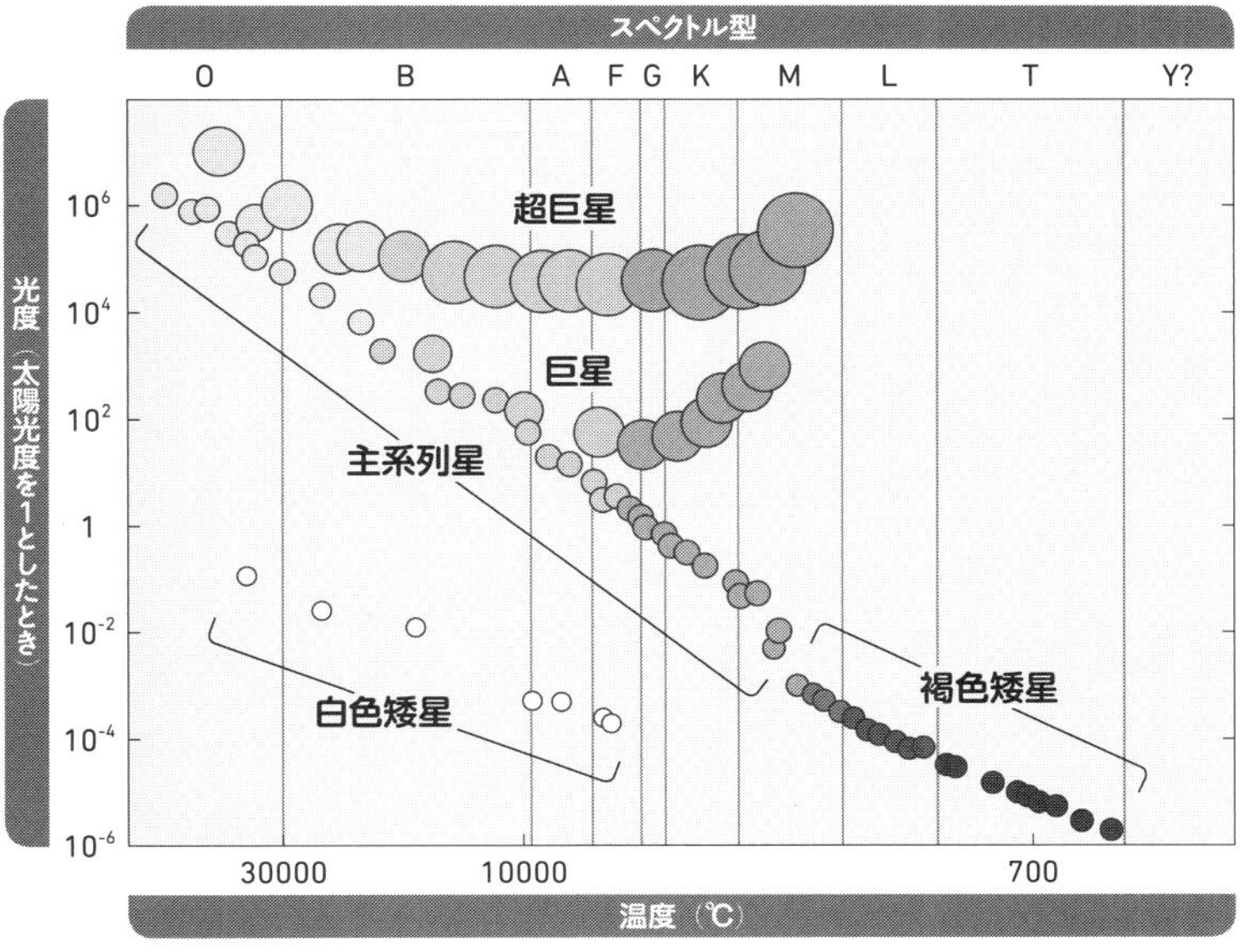

『科学ニュースがみるみるわかる最新キーワード８００』（細川博昭）より改変

3

超新星となって生涯を終える星

突然の輝き、スーパーノヴァ

『新古今和歌集』の撰者としても知られている鎌倉時代の歌人、藤原定家《ふじわらのさだいえ》が残した日記『明月記《めいげつき》』の中に、西暦1054年に出現した超新星（**スーパーノヴァ**）についての記述を見つけることができます。この超新星の残骸は今、「かに星雲」という名で知られています。

暗く、なにもないはずの空間に突然現れる星を、中国の天文記録にならって日本でも「客星《かくせい》」と呼んでいました。望遠鏡もまだなく、肉眼での観察が唯一の手段であった当時、客星は新星、超新星、彗星などを一括した呼び名でした。

定家は、晩年の1230年に自身の目で客星を見ています。残念ながらそれは新生や超新星ではなく、太陽系の中を移動する彗星でしたが、古くから不吉なものとされてきた客星を目撃したことにより、過去の出現にも興味をもったようで、客星のことを日記に記す際、陰陽寮《おんみょうりょう》の担当者に問い合わせて記録を調べてもらい、提供された過去の記録も併せてそこに記しました。そのうちのひとつが、天喜二年（1054）の超新星の記録です。

かに星雲は、地球から約7千光年離れた場所にあります。そんな遠くの星だったにもかかわらず、他国の観察者が残した記録を見ると、3週間ほどの期間、日中もその光を見ることができたようです。おそらくそれは、当時の人々にとって、とてもショッキングな出来事だったことでしょう。何か不吉なことが起きる前兆に違いないとパニックに陥る人もいたことは想像に難《かた》くありません。

ベテルギウスが爆発?

7千光年という距離はあまりにも遠く、どれほど離れているのかイメージするのも困難ですが、たとえばその半分、いえ、10分の1ほどの距離で突然、超新星爆発が起きて、それを目撃したとしたら、あなたはどう感じ、どう反応すると思いますか? また、どのくらいの明るさになるのか、想像することができるでしょうか?

なぜ、こんなことを尋ねたかといえば、そんなに遠くないうちに、地球の比較的近くで超新星爆発が起こる可能性があるからです。といっても「遠くないうち」というのは天文学のスケールにおいてのことで、実際には1万年後とか10万年後とか、そんなタイムスケールの話なのですが。

冬を代表する星座であるオリオン座の中、一段と明るく光り輝いているのが、青いリゲルと赤いベテルギウスです。このうち後者のベテルギウスが、終末を迎えて超巨星となった星であることを知っている人も多いことでしょう。

地球からおよそ６４０光年の距離にあるベテルギウスは、直径が太陽の千倍もある巨大な星です。太陽系の中に置いたなら、木星軌道の内側くらいまで達する大きさ、といえばイメージしやすいでしょうか。太陽を除いた恒星の中で、地球からの見かけの大きさ（**視直径**）がもっとも大きい星であることが、その巨大さを物語っています。このベテルギウスが、遅くとも１００万年以内に超新星爆発を起こすと考えられているのです。

太陽もその末期――およそ50億年後には大きくふくらんで、地球の軌道を飲み込むほどの赤色巨星となります。ベテルギウスは太陽の20倍もの質量をもっています。これだけ重いと、巨星化したときのサイズも比較になりません。さらに、その生涯は私たちの太陽に比べてずっと駆け足。あっという間に一生を終えてしまいます。

現在、すでに老星の域にいるベテルギウスですが、この星が恒星として輝き出

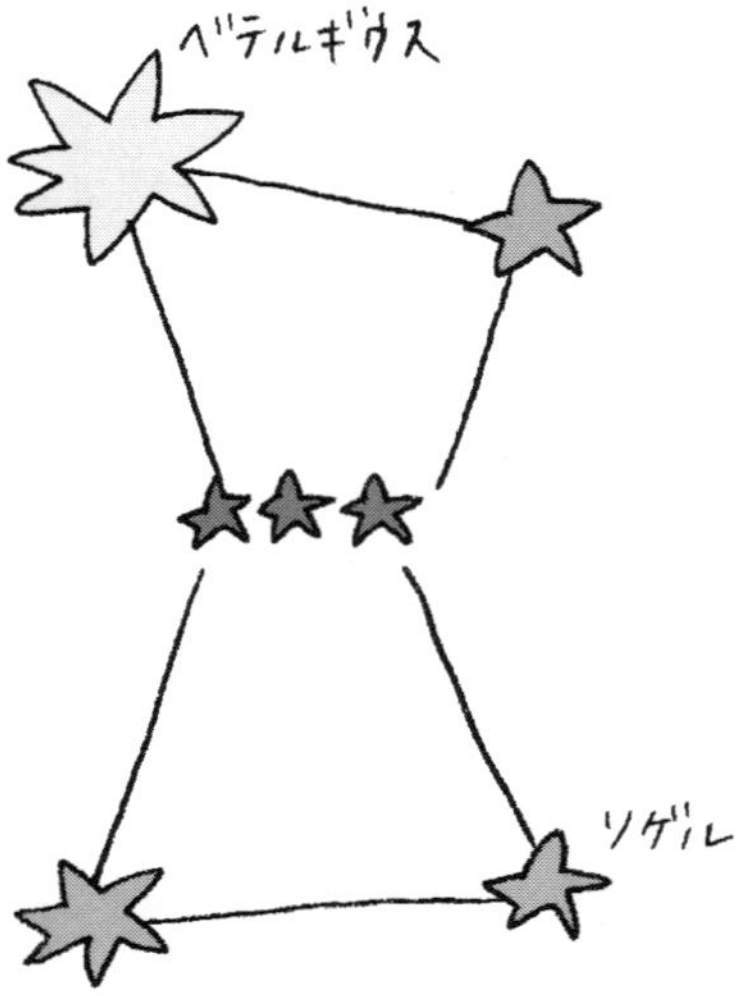
ベテルギウス
リゲル

ベテルギウスがなくなったらオリオン座の形が変わっちゃうんだね。

してからおそらく1千万年ほどしか経っていないはずです。つまり、その寿命は太陽の1000分の1ほどしかない計算です。その事実が示すのは、最初にあった材料が今よりもほんの少し多くて、私たちの太陽がもしも今よりも何割か重かったとしたら、その寿命は縮んで、今ごろ終末を迎えていたかもしれないということです。星の運命や寿命を大きく変えてしまうほどに、星の質量はとても微妙なのです。

中性子星？　それともブラックホール？

太陽の20倍ほどと想定されているベテルギウスの質量は実は、星の運命を分けるボーダーラインの上にあります。もちろん、超新星爆発は起こします。それは定まった運命で、変更はありません。

星の質量はさまざまな観測をもとに算出されますが、どうしてもそこには幅があり、実際のところ、質量は計算どおりなのか、少しはずれていて重いのか、軽いのか、はっきりしません。加えて爆発の際、どういう爆発のしかたをして、どれだけの質量を宇宙空間に吹き飛ばすのか、爆発してみないとわからないところもあります。

その際の状況や条件によって、爆発後に残ったベテルギウスの中心核は中性子星かブラックホールのいずれかになります。超新星爆発後に中性子星になるのかブラックホールになるのかという境目が、「太陽質量の20倍」というラインなのです。
おそらく中性子星になると考えられていますが、絶対にブラックホールにならないかといえば、そうとも言い切れない。ベテルギウスは、そんな重さの星なのです。

超新星爆発は地球に影響する？

これだけ近い距離で超新星爆発が起これば、爆発の際に放射される強力なガンマ線やX線などの放射線が地球を襲って生物に深刻な影響を与えるのではないかと心配されたことがありました。でも、それは杞憂で終わりそうです。

ベテルギウスの深部で生み出された高エネルギーのガンマ線やX線は、その多くが大気のかたちで取り巻く大量のガスに吸収されます。大気層を抜けて宇宙空間へと放射されるガンマ線が生物の命を脅かすほどに危険なのは、広く見積もっても半径50光年ほどで、地球は爆心からその10倍以上も離れています。

地球をめぐる軌道にある宇宙ステーションなどでは、安全を期して退避命令が出されるかもしれませんが、万一爆発が起こったとしても、大気に守られた地球の表面は安全に過ごせる場所であるはずです。また、爆発の衝撃波も６４０光年という距離に隔てられて地球まで届かないため、この点についても心配は不要です。

そして、仮にベテルギウスが最終的にブラックホールになったとしても、そこに残る質量は多くても、もとの質量の1割程度。10万キロメートルとか、100万キロメートルとか、すぐそばまで近づかなければなんの危険もありません。近隣の恒星に対する影響もなく、いつ爆発するかわからない赤い巨星だったころよりも、ある意味、安全な星になります。

もちろん、本能的な恐怖や消せない不安は多くの人の胸に残るでしょうが、そんな思いを持ちながらも、怖いもの見たさの心理も手伝って、近い将来、私たちの子孫は、ベテルギウスの爆発というめったに見られない天体ショーを堪能《たんのう》することになると思います。

その際の予想される明るさは、満月よりもやや落ちるくらい。日中もギラギラと輝いて見える明るさのピークの時期には、今のような赤ではなく、青白い星に見えるはずです。

でも……。すべてが終わった数週間後。オリオン座をオリオン座らしく見せていた赤い星がなくなってしまったことを寂しく感じる人は、爆発に不安を感じた人よりも、ずっとずっと多いかもしれません。

宇宙には必要な超新星爆発

周囲にまき散らされる生命にとって有害な放射線や「爆発」ということばの響きから、

今のぼくたちに、ブラックホールまで行く手段はないよ（残念？）。

超新星爆発は怖いものと思われがちです。でも、超新星になるほどの重い星は、宇宙の進化の中で大きな役割をはたしてきた貴重な存在でもあるのです。

夜空で光る恒星の光と熱を生み出しているのは、原子と原子が融合してちがう原子に変わる核融合。どんな恒星も、最初は水素どうしが融合してヘリウムに変わる核融合によって光りだします。

物質とエネルギーは実は同じもので、形態が変わるだけであることを一般相対性理論を通して示したのは、アルバート・アインシュタイン博士でした。

原子の中の原子核とほかの原子の原子核がぶつかりあい、融合して別の原子に変わる際、新しい原子は、もともとの原子の和に対して、ごくごくわずかな分量ではありますが質量を失います。そこで減った質量は、熱と光という形のエネルギーに変換されたのです。ほんの少し減った質量が膨大なエネルギーを生み出す。これが数千万年から数百億年にもわたって恒星が輝く理由です。

ウランやプルトニウムが核分裂をして別の物質に変わる際も、わずかにトータルの質量が減ります。減った分の質量によって生まれたエネルギーを利用しているのが、核兵器であり、原子力発電であるわけです。

小さく軽い恒星は水素がヘリウムに変わる核融合だけで終わってしまいますが、たとえば太陽の10倍の質量をもつ星は、水素を使い果たしたのち、ヘリウムをもとに酸素や窒素や炭素がつくられる反応が続き、もっと重い星では、最終的に鉄までの重い元素がつくられていきます。そうやって、輝き続けるわけです。

こうしたプロセスでつくられた重い元素を宇宙じゅうにばらまいた主役こそが、最後に超新星爆発を起こして生涯を終える巨大な恒星でした。最終的にブラックホールになってしまうような、より巨大な星の超新星爆発のエネルギーは通常のものとは比較にならないほどすさまじく、その一瞬のエネルギー放出の際に、金やプラチナ、鉛やウランなどの鉄よりも重い元素が一気に生み出されたのではないかと考えられています。

4 地球は銀河系のどのあたり？

地球のある場所

地球は太陽から1億5千万キロメートルの距離を、ほぼ円軌道を描いてまわっています。きれいな軌道をめぐり続けるのは、地球と太陽の間に働く「引力（万有引力）」と回転による「遠心力」がうまく釣り合っているからです。

１年に進む距離から計算すると、地球の公転速度は秒速約30キロメートル。時速１１０キロメートルが秒速約30メートルですから、桁《けた》ちがいの速度であることがわかります。

地球が太陽のまわりを公転しているように、太陽もまた銀河の重力中心（＝重心）を軸に大きく銀河系を公転しています。その速度はさらに早く、秒速２４０キロメートルにも達します。

ほんの少し前まで、その速度は秒速２２０キロメートルほどと予想されていたのですが、２０１２年に国立天文台のチームによって、これまで以上に精密な測定がおこなわれた結果、1割ほど高い速度に修正されました。

太陽系はこの速度で公転しないと、重力に引かれて銀河中心に向かって落ちていくことになります。逆に、もっと速度が速いと、銀河系の外に飛び出していってしまいます。釣り合っている速度が、秒速240キロメートルだったわけです。

しかし私たちは、そんなに高速で移動しているという実感をもったことがありません。それは、ひとつには、速度というものが相対的なものであるためです。電車や飛行機に乗っていたとして、体に感じるほどの速度変化がなければ、その速度を実感することはほとんどありませんよね。窓の外で流れる景色を見て、それを感じるくらい。つまり、比較の対象があって初めて実感できる、ということになります。

まだ発見されてはいませんが、観測が可能な最遠の銀河は、光速をわずかに下回る速度で遠ざかっているはずです。この銀河から私たちの太陽系のある銀河系が見えたとしたら、私たちのほうが亜光速で遠ざかっている、ということになります。もちろん私たちは、光速に近い速度で移動しているなんて、実感するどころか、考えたりもしません。

暗黒物質が影響

その昔、太陽系の公転速度を調べていた科学者は頭をひねりました。太陽系を引っぱる銀河系の重力は、銀河系にあるすべての星と星々のあいだにある星間物質の予想値を足したものであるはずなのに、それだと軽すぎて、どうやっても計算が合わなかったからです。銀河系には当初予想していた以上に目には見えない物質、例の暗黒物質があって、それが全体の質量を増やすことになっているのだという結論に達しました。

銀河系にはある量の暗黒物質がある。それを前提に、さまざまな計算がおこなわれていたわけですが、今回の測定によって、従来見積もられていたよりも銀河系にある暗黒物質はさらに多いことがわかり、太陽の2000億個分と見積もられていた銀河系の質量も太陽のおそよ2400億個分に修正されました。

太陽系は銀河のどこに？

さて、話を先に進める前に、私たちの太陽系がある場所をあらためて確認しておきましょう。

私たちの太陽が属す銀河系には約2千億個の恒星があり、多くは渦巻きの形をしている少しふくらんだ円盤状の平面に集中しています。その渦巻き状の部分だけが銀河系ではなく、その上下に存在する球状星団《きゅうじょうせいだん》を含めたものが全銀河系です。もちろんそこには、目に見えない暗黒物質も含まれています。

● 銀河系のすがた

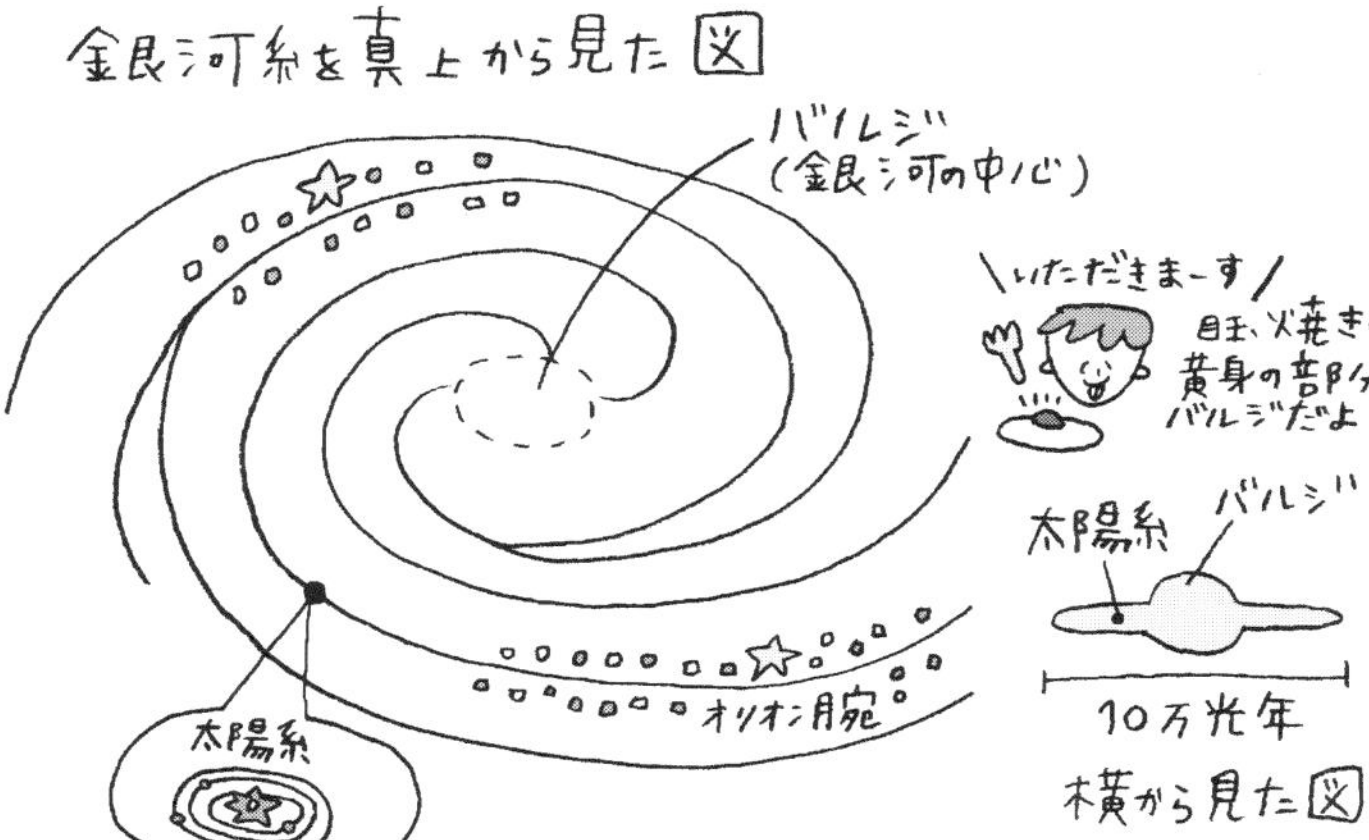
銀河系を真上から見た図
バルジ
(銀河の中心)
いただきまーす
目玉焼きの黄身の部分がバルジだよ!
太陽系
バルジ
10万光年
横から見た図
オリオン腕
太陽系

『Newton 別冊 大宇宙―完全版―』他より改変

銀河面とも呼ばれる円盤部分には、星が比較的密な部分とそうでない部分があり、星が密な部分を「腕」と呼びます。銀河系の直径はおよそ10万光年。太陽系は、オリオン腕《わん》と呼ばれる腕の中、銀河中心から約2万6100光年の位置にあります。

太陽系にもっとも近い恒星は、アルファケンタウリの名で知られたケンタウルス座アルファ星。SF作品にもよく登場するため、この星の名を目や耳にしたことがある人も多いかもしれません。地球から4・37光年の距離にあるこの星は、3つの恒星が共通重心をまわりあう三重連星《れんせい》で、このうちA（主星）とB（第1伴星）の距離は地球・太陽間の約11倍。2012年には、Bの星に地球サイズの惑星が発見された

連星は、パートナーをもつ星のこと。おたがいの重力で引かれあって、共通の重心を中心にまわってるんだよ。

ことがニュースになりました。プロキシマという名前をもつアルファケンタウリC（第2伴星）は0・2光年というはるか遠方を100万年かけて公転しています。そのため、実質的に現在、太陽系にもっとも近いのがこの恒星で、4・22光年の距離にあります。

宇宙は階層構造

私たちがいる銀河系は単独で存在しているわけではなく、その周囲には複数の小銀河、矮小銀河があってグループをつくっています。重力は、星と星の間だけでなく、銀河と銀河の間にも働いているのです。

北半球からは見えないため、名前は知っているものの日本人にはあまりなじみのない大マゼラン雲、小マゼラン雲はそうした銀河系の「伴銀河《ばんぎんが》」のひとつ。ほかにも小さな銀河がいくつも銀河系の近傍にあることが観測されています。

なお、先にひと言補足をしておきますと、私たちが所属している星雲が「銀河系」で「系」がつきます。ほかの星雲も「銀河」と呼ばれますが、こちらには「系」はつきません。ただし、アンドロメダ銀河など、ほかの銀河とそろえた名称で呼ぶ際に、私たちの銀河系を「天の川銀河」と呼ぶこともあります。

240万光年の距離にある、銀河系によく似た渦巻き銀河のアンドロメダ銀河は、大型の銀河の中でもっとも近い場所にある銀河です。このアンドロメダ銀河は銀河系に向かって高速で接近してきていて、いずれは衝突する運命にあります。その後、両銀河は互いの重力によって合体し、ひとつの大きな銀河になると考えられています。

でも、ご安心を。衝突は早くても30億年後なので、心配するには及びません。また、銀河どうしが衝突したとしても、銀河はある意味スカスカな構造なので、星と星がぶつかることはまずありません。アンドロメダ銀河の恒星や惑星と地球が衝突してしまう可能性は数字を出せないほどの低確率です。

私たちの銀河のほか、大・小マゼラン雲やアンドロメダ銀河を含む近傍の銀河によってつくられる集団は、「局所銀河団」と呼ばれています。観測すると、遠方の銀河も同じようなグループをつくっていました。

銀河が集まって銀河団をつくり、さらに銀河団が集まって銀河群や超銀河団をつくる。そして、集団と集団の間には間隙のように星の密度の薄い空間がある。宇宙はどうやらそんな階層的な構造をしているようです。同時に、銀河や銀河団があるところには重なるようにして大量の暗黒物質も存在する。それが、わかってきた宇宙の姿です。

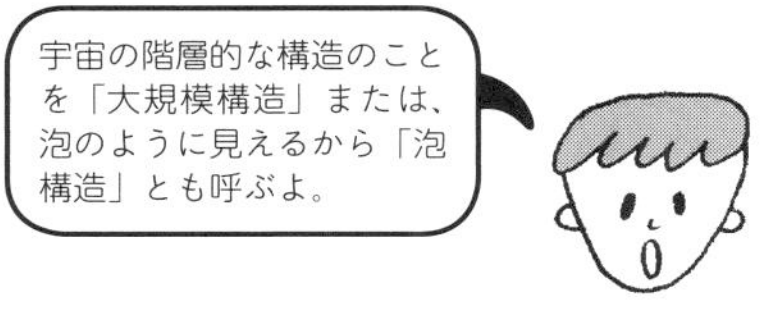
宇宙の階層的な構造のことを「大規模構造」または、泡のように見えるから「泡構造」とも呼ぶよ。

5

遠くにある星ほど赤い

ドップラー効果は光にもある

救急車などのサイレンの音が、近づいてくるときと遠ざかっていくときとでちがって聞こえる。特に去っていくとき、どこか音が間のびしたように聞こえる。そんな経験を、だれもがもっているはず。それは、音の「ドップラー効果」によって生まれた現象です。

ギターやバイオリンの弦を弾くと音が出ることからもわかるように、音は空気が振動することで生まれ、伝わります。つまり、「波」として空気中を伝わります。

出している音は一定でも、音源に向かって近づいていったり、音源のほうがこちらに近づいてきているとき、波長は相対的に短くなって、耳にはちがった音に聞こえます。遠ざかっているときも同様で、今度は波長が長くなって、耳にする音が変わってきます。

ただし、こうした音の変化を感じるには、音速の数パーセントとか何十パーセントといった速度が必要で、お互いが歩いているようなゆっくりした状況では、ほとんど感じ取ることができません。音の変化をしっかり感じるには、自動車など、ある程度速く移動しているものが音源になることが前提になります。

これが基本的なドップラー効果のしくみですが、ドップラー効果が生じるのは、なにも音だけに限りません。同じように波として届いている光もまた、同じような作用を受けます。ただ、音に比べて光は速度が速すぎて、日常生活の中で光のドップラー効果を実感することはまずありません。効果がはっきり感じられるには、光速の何割、といった身のまわりには存在しない速度が必要だからです。

拡張する宇宙

でも、宇宙に目を向けると、そんなとんでもない速度も存在しています。

先にも解説したように、地球のはるかかなたにある遠い銀河は、光速の数パーセントから数割という、ものすごい速度で遠ざかっているわけです。こうしたケースなら、発生したドップラー効果をちゃんと確認することができます。

宇宙がビッグバンと呼ばれる大爆発から始まったことは、すでに常識となっています。今も宇宙は、当時の爆発の影響を受けるかたちで広がり続けています。

宇宙にはほとんどムラがなく、均一であることがわかっています。この宇宙のどこにも同じような物質があり、同じような割合で恒星がつくられています。もちろん、宇宙が拡張する速度も、すべての場所で同一です。言い換えれば、地球を中心に見たならば、どの方向も同じように広がっていっているため、遠い場所にある銀河ほど、高速で遠ざかっていることになります。

たとえば目に見える光、可視光は虹を例にとると、長い波長側から「赤橙黄緑青藍紫」と分解できるわけですが、遠ざかっている物体から出る光は、橙が赤に、緑が黄に、青が緑に、といったように赤——長い波長の側にシフトして見える（**色が変化して見える**）ことになります。この波長シフトは「赤方偏移《せきほうへんい》」と呼ばれています。

これが「宇宙が現在も拡張を続けていること」を示す明確な証拠となっています。拡張も収縮もしていなければ赤方偏移は起こりませんし、逆に宇宙が収縮をしていれば波長は短い青の側にシフトしますが、現実には遠方の銀河の光は波長が長くなり、赤っぽく見えています。

遠い銀河ほど高速で遠ざかっていることを発見したのは、アメリカの天文学者ハッブルで、1929年のことです。ハッブルは複数の天体を計測して、宇宙の膨張速度を数値化しようとしました。彼によって定められた数値は、「ハッブル定数」と呼ばれています。

ちなみにハッブル宇宙望遠鏡にハッブルの名が付けられたのは、開発当初から、この宇宙望遠鏡には、「より正確なハッブル定数を求めるための観測をおこなう」という使命が

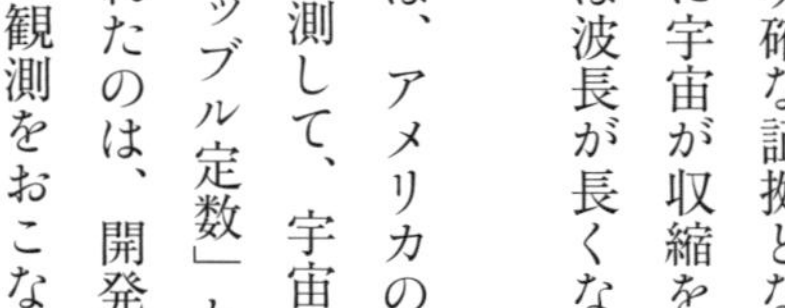
光の色から、銀河の遠ざかる速度がわかって、距離を計算できるよ。

● **光の波長が変化する様子**

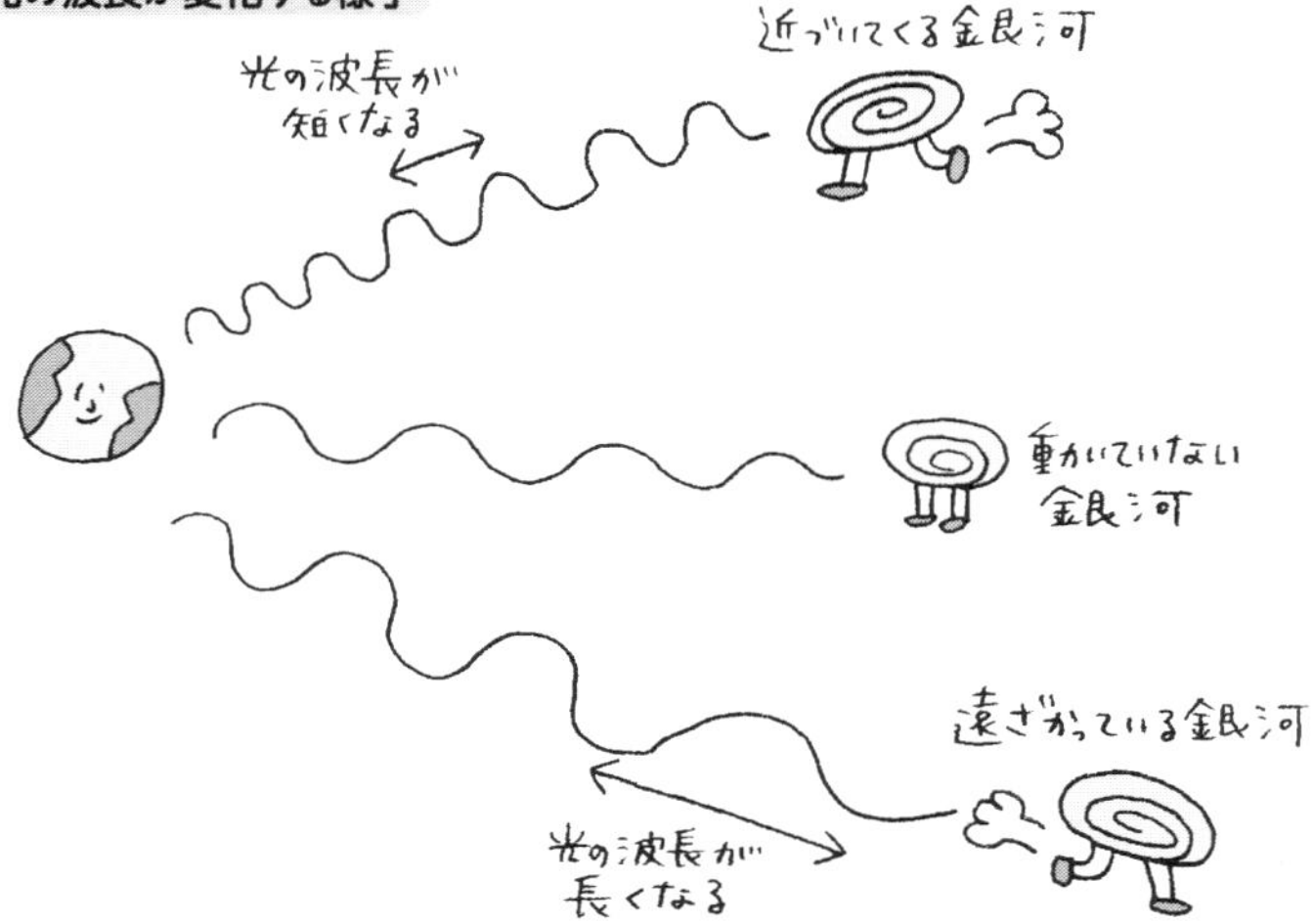
近づいてくる銀河
光の波長が短くなる
動いていない銀河
遠ざかっている銀河
光の波長が長くなる

課せられていたためです。ハッブル定数が正確にわかれば、これから宇宙がどうなるのか、どう終わるのかといった研究が何歩も進みます。ハッブル定数を正確に求める研究は、とても重要なテーマなのです。

２０１２年末に確認されているもっとも遠い銀河は、１３３億光年先のもの。１３３億光年先にあるということは、光が届くまで１３３億年かかるということで、つまりは１３３億年前の銀河の姿を見ていることになります。

もっとも遠い銀河はもっとも古い銀河と同じこと。宇宙ができた直後の姿を探るためにハッブルをはじめとした宇宙望遠鏡は、今も最遠の銀河を探し続けています。

上のイラストでいうといちばん下の図が赤方偏移だね。

新星と超新星はぜんぜん別物

「よくわかったよ、超新星爆発のことは。だけど、もうひとつわからないのが、どこまでが新星で、どこからが超新星なのか、だなぁ……」

口からこぼれた感想に、コスモくんは、あぁぁ、という顔をした。理解と、ちょっとした困惑が混じった表情、といったらいいんだろうか。

宇宙についてのコスモくんの知識がとてつもなく深いことが、出会って数日でわかった。そして、こんな表情をするのは、的外《まとはず》れな質問をしたときであることも。

「あの、ね。新星をレベルアップしても、超新星にはならないよ。回数が増えるだけで」

こちらがヘンな質問をしても、ぜったいに怒らない。そのかわり遠回りな説明をしてくれたり、あまりにもひどいまちがいのときは、「武道館でブドウを噛む?」みたいな力が抜けるような駄洒落《だじゃれ》を返してくれたりした。今回のは、前者だ。

「ええと……、2つは、もともとぜんぜんちがうもの……ってことでいいのかな?」

「ぴんぽーん」

まだ笑顔にならない。

「ちがい、その1。超新星くんはひとりだけど、新星くんには相方《あいかた》がいる」

あれ、この場合、ひとりって言わずに「ピン」っていわないといけないんだっけ？　と訊いてくる。

いやいや、お笑い芸人の話をしているわけじゃないから。そんなところにこだわらなくてもいいから……。

「超新星は単独の爆発現象で、新星のほうは、別の星とのやりとりがあって爆発するとか、そういうこと？　伴星、とか？」

「うん。そんなかんじ。どっちも恒星の終末におこる事件ではあるんだけどね」

ぱあっと顔が晴れた。声のオクターブも上がる。そして、「まだちゃんと話してなかった新星の様子から説明するね」と言っ

て話しだした。

「たとえば2つの恒星がつくる連星があったとするよ。そして、そのどっちも超新星爆発なんか起こさない軽い恒星だったとする。2つのうちのちょっと重いほうの星が先に寿命を迎えて、爆発することなく白色矮星になった。2つの恒星はとても近い距離にあるので、若いほうの星の表面にある大気が、強い重力のために少しずつ白色矮星に向かって流れ込んでいる。どう、イメージできた？」

白色矮星っていうのは、オリオン座の下のほうにあるおおいぬ座のシリウスの伴星のようなやつだよな。太陽くらいの質量をもった地球サイズの星。コンパクトで重い分、その表面の重力はすさまじい、って話だ。

「うん。大丈夫。イメージできた」

「白色矮星の表面に向かって落っこちるように流れ込んでいるガスは水素ね。それが少しずつ溜まっていくんだけど、一定量が溜まると、熱と星の強い重力によって、ある日突然また核融合を起こすんだ。爆発的にね。そのときの光が新星ってわけ」

ああ、なるほど。

それなら、超新星に比べればずっと弱い爆発になる。でも、暴走するような核反応が起きているなら、ふつうの恒星の光に比べたらすごく強い光ってことにもなる。だから、新星なのか。

そのときふと、もうひとつ疑問が浮かんだ。

「もしかして、新星の爆発って、1回じゃ終わらずに何度も起きるんじゃないか？」

そう尋ねたとき、コスモくんが浮かべた満足そうなほほえみといったらなかった。

まるで「できの悪い学生が思いもよらぬ正解をもってきたときに見せる老教授の笑み」みたいな感じだった。

「そうなんだ。ごくごくまれに、すごく期間が短いものもあるけど、だいたい千年から10万年に1回のペースで爆発を繰り返すんだ。これも、1回しか爆発しない超新星とはちがうところだよね」

銀河系にはおよそ２０００億個の恒星があると言われているよ。

自分の力で光り輝く

恒星さん

Fixed star

恒星の代表選手が太陽。中心部で起こっている核融合という反応で生まれたエネルギーで輝く天体。うろうろ動き回る惑星に対して、つねに（恒常的に）位置をほとんど変えない天体なのでこの名がつけられた。

3

赤ちゃんを運んでくるコウノトリのような存在でもあるのよ。

夜空のアイドル

彗星ちゃん

Comet

「太陽系小天体」グループに属す。尾は２本あって太陽の位置によって角度が決まる。彼女が地球に近づくと地上は天文ショーに活気づき、その姿をひと目見ようとファンは夜空を眺める。彗星が軌道上に残したチリは流星雨のもとになる。地球に生命をもたらした存在でもある。

4

第2章
宇宙と地球の密接な関係

1 異星の動植物は食べられる?

SFは予言する

『スタートレック』(邦題:宇宙大作戦)などのテレビシリーズや映画作品、アイザック・アシモフやハインラインらのSF小説のほか、日本で作られたSFアニメなどでも、異星に降り立った地球人や地球人の血を引く人々が、そこにある動植物を確保して食料にするエピソードが幾度となく描かれてきました。

実は子どものころ、そんなシーンが不思議でたまりませんでした。

さまざまな惑星に生命が誕生して、それぞれが異なる進化をしたとしたら、たとえそれが人間と同じような炭素や酸素でできた生物だったとしても、体を作るタンパク質のようなものも、食べて消化できるものも、まったくちがっているんじゃないだろうか……。そう思ったからです。

訪れた星に地球の鳥や獣に似た動物がいたり、フルーツのようなものが実っていたとしても、それを食べて消化できるんだろうか? 体は吸収できるんだろうか? 宇宙に興味をもち始めたころに浮かんだ疑問が、ずっと頭の中にありました。

しかし、それは不要な心配だったのかもしれないと、最近になって思うようになりました。

宇宙には、あたりまえのように炭素や酸素や窒素があって、水や二酸化炭素やメタンやアンモニアがあって、アミノ酸やその前駆体《ぜんくたい》のような、より複雑な有機物までもが存在していることが確認されているからです。

宇宙はある意味、均一です。もちろん、物質の密度に濃い薄いはありますが、どの場所でも、同じ物質が似たような割合で存在しています。重い星があったり軽い星があったり、超新星爆発で吐き出される物質も星ごとに微妙に異なりますが、重ね合わせてならしていけば、散らばる元素や分子は、宇宙のどこでもだいたい同じような配分になります。宇宙空間にあるガスやチリの雲の中に含まれる生命のもとになる有機物についても同様です。

同じものを材料にして惑星がつくられ、そこにある基本素材をもとに生命が誕生したとしたら、姿や形はまったくちがっていても、体を構成するタンパク質やそのベースとなるアミノ酸などが近い生物はそれなりの数が生まれてくるように思います。

そうであるなら、人間が栄養源として利用できる動植物が、宇宙のあちらこちらの惑星に存在している可能性も否定できないんじゃないかな、と考えるようになりました。

地球サイズの惑星も、きっと多数

銀河系の中だけでも、私たちの太陽と同じかそれよりも小さい恒星（地球と同じように生命が進化するのに十分な長い寿命をもつ恒星）をめぐる、岩石でできた地球型の惑星は数百億個以上あると計算されています。

大気をもち、水が液体で存在できる地球似の惑星もきっと、私たちが想像する以上にたくさんあることでしょう。そうであるなら、私たちが食べられるものが誕生し、棲息《せいそく》している惑星がどこかに存在する確率は、決して低くはないはずです。

でもそれは、裏を返せば、私たちを捕食して消化できる生物も宇宙には存在している可能性があることを示唆《しさ》しています。

リドリー・スコット監督の映画『エイリアン』に登場した異星の生物も、人間を構成するタンパク質などが利用できる体の構造をしていたからこそ、地球からやってきた人間を襲ったり、宿主として卵を産みつけたりしたわけですし。

今から心配するようなことでもありませんが、遠い将来、人類が宇宙に飛び出していく日が来たとしたら、こうしたちょっと怖いと感じる事件も絶対に起きないとはいえなくなりました。でも、それ以前に、オーソン・ウエルズのラジオドラマ『宇宙戦争』の結末ではないですが、インフルエンザのようなウィルスは異星でも生まれていて、そうした人間にとってまったく免疫のないウィルスに人間が感染するような事態もあるかもしれません。

宇宙のどこかで生物の痕跡《こんせき》や生きた生物が見つかったとしたら、そしてそれが地球の生物にとても近いアミノ酸などをもつ生物だったとしたら——、その世界と接触するにあたって警戒すべきなのは、人間を捕食するかもしれない攻撃的な生物ではなくて、微生物のほうじゃないのかなと思います。星と星との間の「検疫《けんえき》」に気をつかう日が、いつか来るかもしれません。

2 宇宙のどこにでもある有機物

恒星や惑星系が生まれつつあるオリオン大星雲

星空に不慣れな人でも見つけやすい星座の代表格である「オリオン座」の三つ星がつくるオリオンのベルトの少し下のほう、ベルトから下がる剣に相当する位置に、ぼんやりと光る輪郭《りんかく》のゆるい天体があります。これが、オリオン大星雲（M42）と呼ばれる散光星雲《さんこうせいうん》です。肉眼でもよく見えるこの星雲は、銀河系の中、地球からおよそ1480光年の距離に位置しています。

このオリオン大星雲の中心に、「トラペジウム」と呼ばれる生まれたばかりの4つの星を中心とした散開星団《さんかいせいだん》があります。ここは、恒星が生まれた場所であり、周囲に残った星間物質をもとに、恒星をめぐる惑星が生まれつつある現場です。

天体望遠鏡が発明されて以降、多くの天文学者がこの目立つ星雲に関心を向けてきましたが、ここが星のゆりかごであることがはっきりしてきた20世紀の中盤以降、この場所にどんな物質があるのか調べるために、あらためてさまざまな観測機器が向けられるようになりました。

なぜなら、オリオン大星雲に存在する物質を調べることで、私たちの太陽系がつくられたときにそこにあった物質を知ることができるからです。特に、天然のタイムカプセルとして彗星に封じられている46億年前の、できたての太陽系にあった有機物と、種類や割合を比較することで、生命を生み出す可能性のある物質が宇宙に同じように存在していること（あるいは異なること）を追確認できます。

この星雲のスペクトルからは、水素、ヘリウム、窒素、炭素、酸素、ネオンなどが検出されています。さらに、そこにある物質も、水素に対するヘリウムや窒素、炭素の割合も

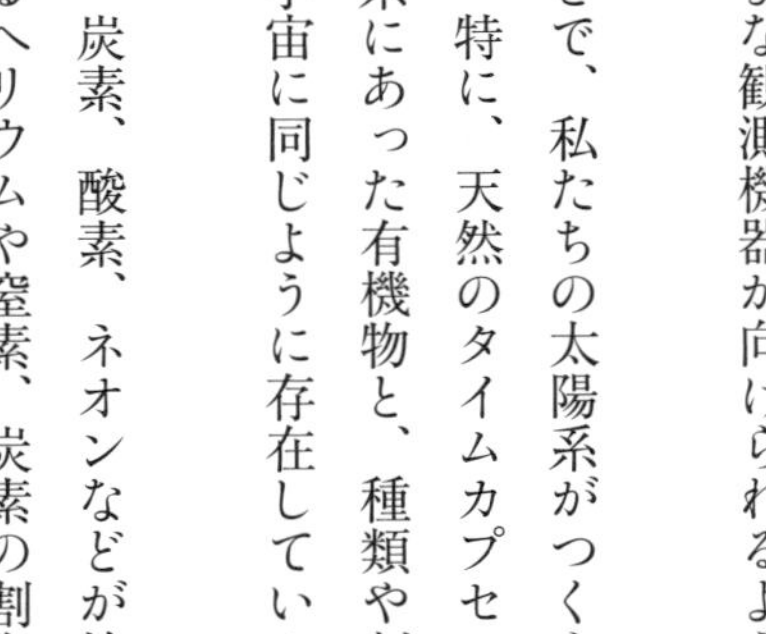
散開星団っていうのは、不規則に位置する星の集団のことだよ。

私たちの太陽とほぼ等しい値を示していました。

また、そこには、水、アンモニア、一酸化炭素、硫化水素、メチルアルコール、エチルアルコールほか、多くの有機物や硅素の化合物がありました。つまり原始の太陽系にとてもよく似た物質がそろっていたのです。

天然の化学工場

恒星や惑星が誕生することになる、チリやガスが集まった星間物質の分子雲《ぶんしうん》の中は、極度の低温環境にあるものの、そこにある一酸化炭素やアンモニア、水（氷）、メタノールなどの物質に紫外線や高エネルギーの宇宙線が作用することでさまざまな化学反応が進み、複雑な物質が生み出されていく天然の化学実験場、化学工場となっています。実際、同じような環境でアミノ酸が生成されることが、実験からも確認されています。

現在、オリオン大星雲の中で進行中のドラマは、46億年前に私たちの太陽系で起こったのと同じもの。だからこそ、過去を映し出す特別な鏡であるこの星雲に関心が集まっているわけです。

先にも説明したように、ときどき地球の軌道をかすめていく彗星には、太陽系が生まれた当時の物質が誕生時のまま閉じ込められています。もちろん、小惑星やときどき地球に落下してくる年代の古い隕石もまた貴重なサンプルにはなりますが、誕生から何十億年間も太陽から飛び出すプラズマなどの影響を受けにくい環境に留まっていた彗星は、地球生命の起源をたどるための、とりわけ貴重なサンプル。だからこそ、彗星の探査やそこにある物質のサンプルリターンに力が注がれてきたわけです。

初期の化学進化は宇宙で起きた

たとえば地球において、まだ生命とはいえない無機物の「素材」がだんだんと複雑な物質（有機物）になっていく「化学進化」が地球上で起こったのか、それとも地球に到達する以前に宇宙空間で起こっていたものが、まとまった「生命素材セット」として地球に落ちてきたのか——。その真相を確かめたいと研究者は考えています。

オリオン大星雲や銀河中心部の分析、彗星に含まれる物質の解析などから、初期の化学進化が、宇宙の中——星間物質がまわりの空間よりも密に集まった分子雲の中で起こったことはどうやら確実のようですが、その化学進化は宇宙でどこまで進み、どんな物質まで作られる可能性があるのか知ることはとても重要です。

宇宙空間で複雑なアミノ酸が何種類も作られていることが確認され、またそうした化学進化が場所を選ばずに起きているとしたなら、似かよった生命が宇宙の中のほかの惑星にも誕生する確率が、これまで考えられてきたよりも高くなることを意味します。それゆえ異星の生命について理解したい、追求したいと願う研究者にとっては、とても重要な問題となるわけです。もちろん、地球の生命についても、どんな形で素材が提供されたのかということについて理解を深める貴重な材料になることはいうまでもありません。

タンパク質をつくるアミノ酸には、互いに鏡像関係にある右型（**D-アミノ酸**）と左型（**L-アミノ酸**）があります。人間を含む地球の生命は基本的に左型だけを採用していますが、右型と左型が同じだけ存在すると思われていた宇宙空間でも、人類が知り得た範囲において、L-アミノ酸のほうが多く存在していました。地球に落ちてきた隕石に含まれていたアミノ酸の分析でも、L-アミノ酸が優位という報告がありました。

どうやら宇宙には、D-アミノ酸を壊してしまうものが存在していて、それが地球でも生物が利用するアミノ酸の型の決定づけに影響を及ぼしたようです。

紫外線も、可視光線も、赤外線もすべて電磁波の一種です。つまり、電波と同じように「波」として空間を伝わっていきます。そんな光の中で、進行方向に対し円を描くように振動している円偏光の光がD-アミノ酸を分解することがわかっています。そしてオリオン大星雲の中は、そんな光に満ちていました。これがひとつの答えになると、研究者は考えています。

3 彗星が生命のもとを運んできた

生命の素材は宇宙に

人間の体の96パーセントは、酸素と水素と炭素と窒素で作られています。水素の多くは酸素と結合した水の形で存在しますが、そのほかは炭素を中心に作られるさまざまな有機物の形をとっています。これにカルシウムとリンを合わせたものが人体の6大構成元素。肉体と骨の主成分がここに並んでいることがわかります。

宇宙に存在する元素で多いのは、もちろん水素とヘリウム。これを除けば、炭素、窒素、酸素と、ヘリウムと同じ不活性ガスであるネオンが多く存在することが確認されています。人間の体と宇宙のつながりをこんなところにも感じることができます。

私たちはどこから来たの？　それは、「私たちはなにものなのか」、「私たちはどこに行くのか」という問いとともに古くから突きつけられてきた疑問でしたが、「40億年前に生まれた原始的な地球の生命の起源はどこにあるの？」と尋ねられたなら――。

答えはひとつ。宇宙です。原始の太陽系にあった物質がもとになって地球の生命が誕生したことに疑問の余地はありません。

宇宙空間でつくられた有機分子や宇宙空間を漂《ただよ》っていた生命に必要な各種元素がさまざまな形で地球に到達した結果、誕生したのが地球の生命です。そして、宇宙にさまざまな元素をばらまいてくれたのは、宇宙の誕生後にたくさん生まれた重い恒星が生涯を終える際に引き起こす大爆発、超新星爆発であったことも、まぎれもない事実。宇宙誕生から連綿と続くドラマが、地球生命の誕生に始まる人類の進化にまでしっかりとつながっているという事実に、なんだか不思議な感動もおぼえます。

化学進化はどこで？

無生物的な物質が複雑な有機物へと変わっていく「化学進化」を経て、より複雑なアミノ酸などがつくられ、そうしたものが溶け込んだ地球の海で最初の生命が誕生したことに疑問の余地はないわけですが、アミノ酸などの複雑な有機物は地球の大気や海の中で合成されたのか、それとも地球に到達する以前に宇宙空間で合成されていたのかという議論に納得のいく回答が得られるまでには、長い時間が必要でした。

１９５３年、シカゴ大学に在籍していたスタンリー・ミラーは、当時予想されていた誕生当初の地球大気を模した組成《そせい》のガスを入れ込んだ密閉容器内で放電を起こし、そこでアミノ酸が作られることを証明してみせました。この実験の結果を受けて、化学進化の最初の一歩は地球の大気の中でスタートしたという説に一度は傾きかけましたが、その後、古い時代の地球の大気はその実験で使われたものとは異なっていたことがわかって、現在この説は否定されています。

かわって現在、主流となっているのが、生命のもととなった有機物は恒星や惑星のもととなった分子雲中でつくられ、地球が誕生した後、惑星に取り込まれなかった素材がおもに、彗星と、彗星が宇宙空間に残したチリによって運ばれてきた、という説です。オリオン大星雲の観測結果や彗星ダストのサンプルリターンによって、この説を固める証拠は積み重なっていて、今のところそれを否定するものはありません。

降りそそぐ生命のもと

太陽のまわりにあったチリが集まって小天体になり、それらが集まって微惑星になり、微惑星どうしが衝突し、融合して現在の惑星になりました。その際、太陽にも惑星にも取り込まれなかった「余り」が、火星と木星の間のアステロイド・ベルトや海王星以遠のカイパーベルト、そしてその外側に広がるオールトの雲の中にある、彗星であり、小惑星であり、小惑星とも呼べない微小な天体です。

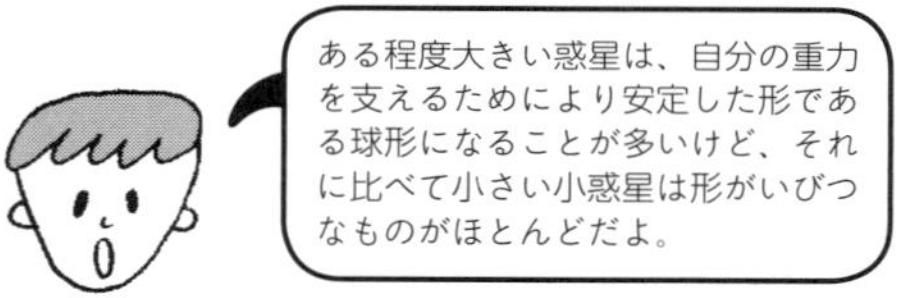
ある程度大きい惑星は、自分の重力を支えるためにより安定した形である球形になることが多いけど、それに比べて小さい小惑星は形がいびつなものがほとんどだよ。

● 流星雨のモトは彗星のチリ

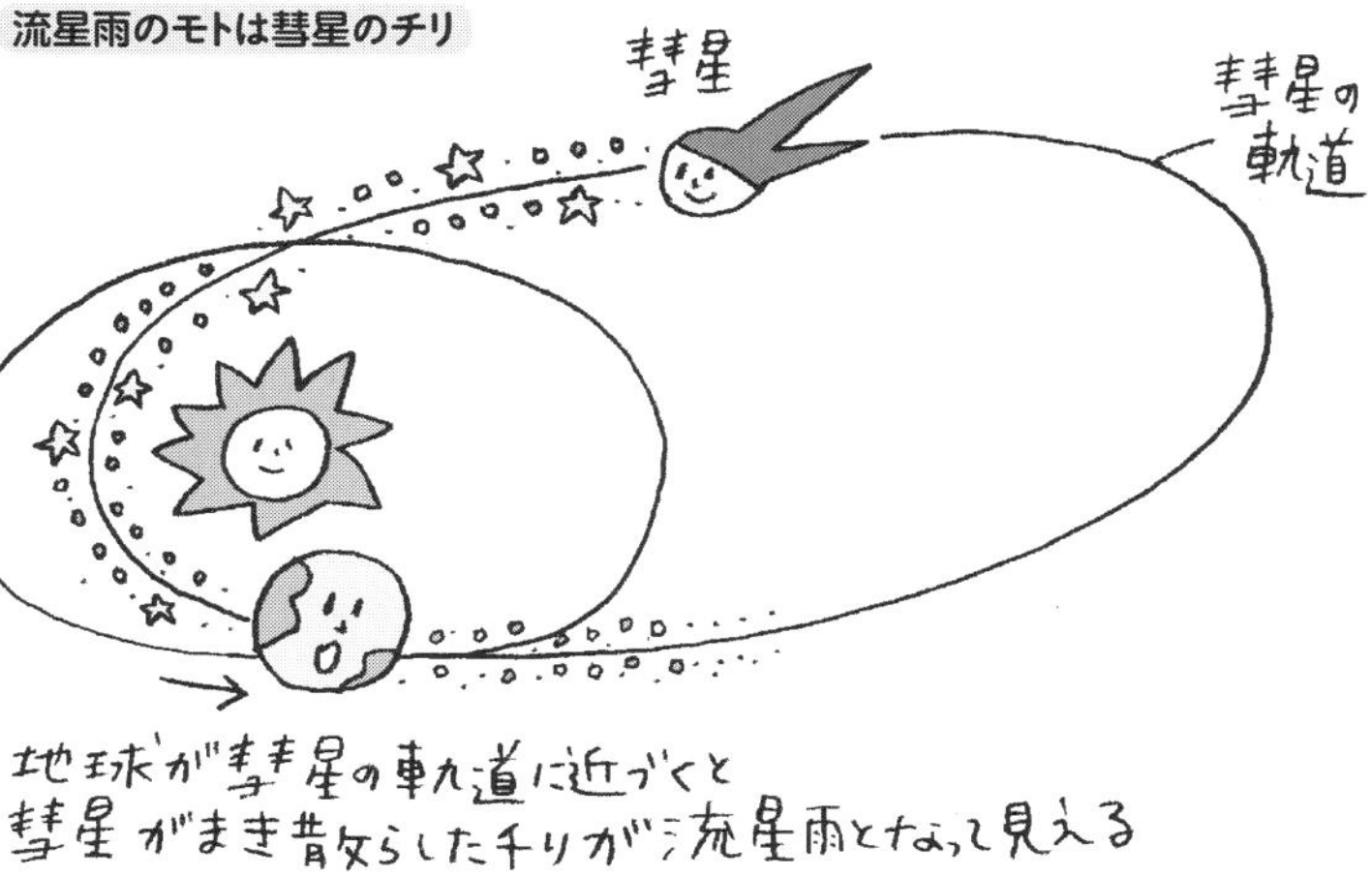
彗星
彗星の軌道
地球が彗星の軌道に近づくと
彗星がまき散らしたチリが流星雨となって見える

『知識ゼロからの宇宙入門』（渡部潤一）より改変

余り、という言葉の響きにはマイナスイメージもつきまといますが、こうした小天体、微小天体が、太陽にも惑星にも取り込まれなかったことで地球には生命のタネがまかれ、こうして私たちが生まれることになったのですから、地球生命にとっては大きな幸運、福音《ふくいん》というべきでしょう。

何度も書いてきたように、彗星の中には、水や一酸化炭素、二酸化炭素はもちろん、アンモニアやシアン化水素、メタン、メタノール、ホルムアルデヒドなどの有機化合物が存在しています。彗星が軌道上に残していったチリや尾の中のチリから、タンパク質を構成する材料であるアミノ酸のグリシンや、メチルアミン、エチルアミンといったものも見つかっています。

これらの物質はときに、直接地球に落下する隕石に取り込まれる形で地球に運ばれました。微小なものは地球の大気の摩擦によって燃え尽き、中に含まれていた物質もバラバラに分解されてしまいましたが、ある程度大きな物体は燃え尽きることなく地表に到達しました。

火星や地球軌道を通るとき彗星は、太陽の熱で内部にある氷やドライアイスなどが溶かされ、そこに含まれていた物質を「チリ」として軌道上に残していきます。このチリの道と地球軌道が交差するときに起こるのが、残されたチリが大気圏に突入して燃える「流星《りゅうせい》雨《う》」という現象です。

実は流星雨が起こっているとき、同時に目には見えない極小サイズの有機物が地球の重力に引かれて、地上に向かって落ちてきています。分子レベルの極小物体は、大気に突入しても、ただふわふわとゆっくり落ちてくるだけで燃えません。もちろん、構造が壊れることもありません。地球が誕生して以降、こうして大気の中をふんわりと降下してきた彗星由来の有機物が、生命の素材として大きく活用されたと考えられています。

彗星が生まれる理由

カイパーベルトやオールトの雲の中にも冥王星のような比較的大きな天体が存在してい

て、そうした天体に近づいた彗星のもとになる小天体は軌道を乱され、中には太陽に向かって落ちていくものもでてきます。大きな海王星の重力も、もちろん影響していますし、玉突きのような衝突や衝突による軌道のズレがでるのも日常のことです。

太陽が銀河系を公転する過程で、太陽系の外周にある天体は特に、ほかの恒星や巨大な分子雲《ぶんしうん》などがつくる重力の影響も受けることになり、こうした外部からの作用で軌道をはずれるものもでてきます。

こうしたものや出来事が引き金となって、本来の軌道をはずれ、太陽の近くまでくるだ円軌道や放物軌道を描くようになったのが彗星です。より正確には、これは彗星本体、彗星核と呼ばれる部分で、これに尾を加えたものがいわゆる「彗星」。彗星核はチリを含んだ氷の塊《かたまり》であるため、何度も太陽をかすめるうちに、軌道上にチリを残しながら蒸発していきます。

太陽系のはるか遠方で日々起こっている、小天体の接近や衝突やほかの天体の重力作用による軌道変化。それがまわりまわって生命の播種《はしゅ》につながった——。こんなところにも、ドラマがありました。

4 太陽系外の惑星たち

惑星を見つけたい！

宇宙には水や有機物などの「生命のもと」が満ちあふれていて、条件さえ合えば、到達した惑星で命をもった生き物に進化することが可能なのだとしたら、「生命のいる惑星を発見したい！」という考えに至るのは、とても自然な流れでしょう。

地球外の生き物と遭遇したいかどうかという点については、個人個人で大きく意見も割れるとは思いますが、たとえば私たちの住む銀河系に、生命が生まれる可能性のある惑星（や衛星）はどのくらいあるのか、地球の近くにも生命が誕生した星があるのかどうか知りたいと思うのは、研究者だけに限らない、ごくふつうの感情だと思います。

（1）どこに、どんなサイズの惑星があるのか

（2）その惑星は、どんな軌道をめぐっていて、そこはどんな環境にあるのか

そんな調査を目的に、21世紀に入ってから、太陽系外の惑星を見つけることに特化した宇宙望遠鏡も複数が打ち上げられ、地球を追いかける軌道などに投入されています。

太陽系外の惑星（**系外惑星**）のことが詳しくわかってくれば、惑星系のでき方についての理解が深まります。私たちはどうしても自分たちが住む太陽系を基準に考えてしまいますが、太陽系の惑星が宇宙から見てはたして標準的なものなのかどうかもわかります。

もちろん、その先には、宇宙に誕生した生命について理解を深めたい、可能な手段で探ってみたいという思惑もあります。

地球型の惑星はどこに？

最初に系外惑星が発見されたのは１９９５年のことでしたが、先に打ち上げられた欧州宇宙機関の系外惑星探査用の宇宙望遠鏡「コロー」に続き、ＮＡＳＡの系外惑星探査衛星「ケプラー」が本格稼動を始めてから、発見数も大きく増えて、まもなく千個のオーダーに達しようとしています。

惑星は大きくは、岩石でできた「地球型」のものと、巨大なガス球である「木星型」の

太陽系の外だとしても、仲間が増えるのはうれしいね。

ものに分類できますが、これは太陽系内に限ったものではなく、系外にある惑星にも適用できる分類です。地球型は密度が高く、質量が小さいのが特徴。一方の木星型は密度が小さく、巨大で重いのが特徴となっています。

ただ最近は、水素やヘリウムが主成分で、恒星になりそこねた小さな星ともいえる木星のタイプとは分けて、より重い元素の核（芯）をその中心にもった天王星や海王星型のものを小分類として別枠で扱うことも増えてきました。こうした分類では、木星や土星タイプの巨大な「ガス惑星」を狭義《きょうぎ》の「木星型惑星」と呼び、天王星や海王星のような惑星を「巨大氷惑星」や「天王星型惑星」と呼んでいます。

観測の精度が低かった時期は、重くて大きい惑星ばかりが太陽系外に確認されていましたが、現在では、地球よりも小さい地球型の惑星がいくつも見つかっています。

系外惑星を見つける方法

ある恒星をめぐる惑星が木星のように重いものであれば、その惑星が公転することで、主星である恒星はかすかにふらついて見えます。それは、回転の中心がその恒星の中心ではなく、惑星と恒星の共通した重心にあるからです。地球から見れば、惑星がめぐるたびにわずかに恒星が遠ざかったり近づいたりすることになり、恒星が発する光を精密な機器で観測することでドップラー効果による波長の変化を観測することができ、それをもとに惑星の存在を確認することができます。これが「ドップラーシフト法」と呼ばれているもので、惑星の存在を確認できると同時に公転周期も把握できる便利な方法です。ただ、軽くて小さな惑星を検出するのはこの方法では困難で、別の手段にたよる必要があります。

太陽系では、木星のような重いガス惑星はあまり太陽に近くない外側の軌道をめぐっていますが、太陽系外では、恒星のすぐそばをめぐる木星サイズの惑星やもっと重い惑星も多数、発見されています。こうした星は灼熱の環境にあることから、熱い木星「ホット・ジュピター」と命名されました。ドップラーシフト法で見つけやすいのは、こうしたタイプの惑星です。

かつて、アインシュタインは、強い重力をもった物体は、時空のゆがみを生み出して、近くを通る光を曲げてしまうと予言しました。太陽など、大質量の物体が後方からきた光を実際に曲げている様子が確認されて、アインシュタインの理論の正しさが証明されたわけですが、この「重力がレンズのように光を曲げる」という性質を利用した系外探査もおこなわれていて、大きな成果を上げています。

惑星がめぐっている恒星の背後にある天体からの光は、惑星があることでわずかに曲げられて地球に届きます。そのズレを計測して系外惑星がある証拠をつかもうというのがこ

の方法で、「重力マイクロレンズ法」と呼ばれています。重力マイクロレンズ法はさまざまな応用が利く方法で、直接見ることができない正体不明の暗黒物質も、この方法を使うことで存在する分布がつかめるようになりました。

このほか、系外惑星を発見する方法としては、「トランジット法」と呼ばれる方法も有効です。

恒星はある一定量の光を地球に届けていますが、惑星がその前を通過すると、惑星がおおい隠した面積の分だけ光量が落ちます。たとえば、太陽系外から私たちの太陽を眺めた場合、地球がその前を通過しているときは、0・01パーセントほど光量が落ちますが、巨大な木星ならば1パーセントも光量が落ちます。そんなデータを測定することで、惑星の存在を計測できるのです。宇宙空間から系外惑星を探査しているコローもケプラーも、ともにこのトランジット法で観測をおこなっています。

トランジット法は、何百年もかかって恒星を公転しているような惑星や、公転軸がまっすぐこちらを向いているような惑星の調査には向きませんが、恒星のすぐそばを数日から数週間かかって公転しているような惑星ならば、その大きさとともに公転周期も正確に求めることが可能です。

直接撮影による系外惑星の発見

これまで挙げた方法は、「証拠」をもとに系外惑星の存在を確認する方法でした。もちろんそれはたしかな証拠で、得られたさまざまな情報からその惑星の姿をイメージすることも可能です。実際、こうしたやり方で発見された系外惑星について、別途得られた科学的な情報に基づいたさまざまな想像図も描かれてきました。

しかし、できることなら大口径で高精度の望遠鏡を使って系外惑星の姿を直に撮影したいと思うのも人間。ですが……、主星である恒星の光が強すぎて、その周囲をまわる暗い惑星を直接撮影するのは難しいものがありました。また、大口径の望遠鏡は地上にもいくつもありますが、大気のゆらぎの影響を受けるために、遠くにある惑星サイズの小さな天体を判別可能なレベルでシャープに撮影するのにはかなりの困難をともないます。

最近になって、この2つの問題にも解決策が見いだされて、系外惑星の直接撮影にも成功したという報告が上がるようになってきました。

ハワイ、マウナケア山の山頂に置かれた日本の地上望遠鏡「すばる」には、地球大気のゆらぎを高度に補整する光学機構が組み込まれています。また、「コロナグラフ」というマスキングによって主星からの光のみを隠し、その周囲を撮影できるようにした装置を工夫したことで、今世紀に入ってからいくつもの系外惑星の直接撮影に成功しています。

　こうした技術の確立によって、地上望遠鏡を使った系外惑星の撮影にもはずみがつき、「すばる」は２０１２年にもアンドロメダ座にある１７０光年かなたの、まだ3千万歳という若い恒星をめぐる惑星の撮影にも成功しました。

「すばる」がレンズを向けた恒星は、太陽の２・５倍の質量をもった星です。「すばる」がこの星をめぐる惑星の直接撮影に成功したことで、このサイズの恒星までは惑星をもてることが証明されましたが、実はこれは画期的なことなのです。

　太陽の10倍、20倍という重い恒星も宇宙には存在していますが、そうした重い恒星が惑星をもてるのかどうかはまだはっきりしていません。というのも、恒星が重くなればその分、恒星から発せられる電磁波やプラズマ流が強くなり、その結果、惑星の形成が阻害《そがい》される可能性が高くなるからです。

　どこまで重い恒星が惑星をもてるのかという研究はまだ始まったばかりですが、今回撮影に成功したことで、今後この分野の研究にもはずみがつきそうです。

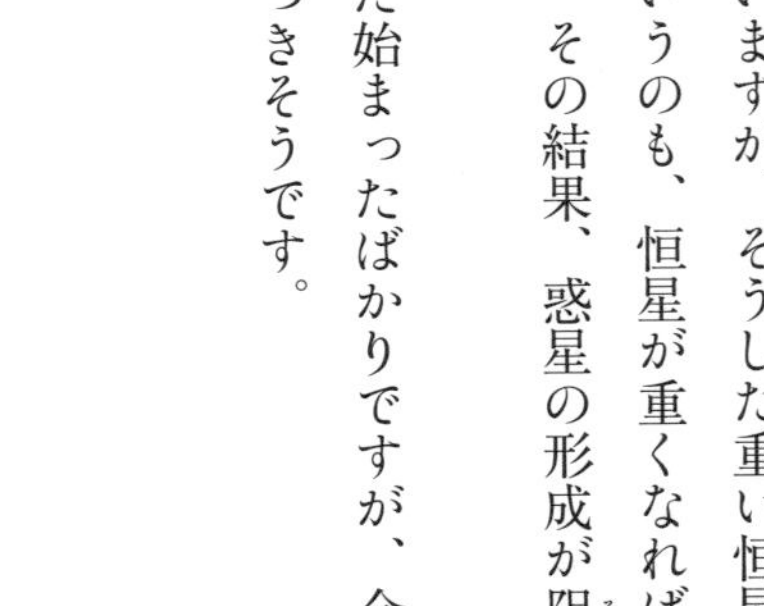
「すばる」のレンズの口径は約８メートル。大きいだけじゃなくて、すごく高度な技術が組み込まれているんだね。

5 系外惑星の素顔

系外惑星の分類

これまでに多種多様な系外惑星が発見されてきましたが、存在が確認できるのは、今のところせいぜい地球の半分ほどのサイズまで。それでも、10年前に比べたら、検出精度は格段に上がっています。

見つかった系外惑星は、小さいものから順に、地球サイズ、地球の数倍から10倍ほどまでの「スーパーアース」サイズ、海王星サイズ、木星サイズ、木星の10倍ほどまでの超木星サイズに分類されます。

理論的には、質量が木星の14倍を超えると星の内部で限定された核反応が始まるため、惑星ではなく恒星になりそこねた星である褐色矮星に分類されるようになりますが、惑星と恒星の境界にあたるこの領域の星は、まだほとんど見つかっていません。現在までに発見されている系外惑星は、海王星サイズのものがもっとも多く、スーパーアース・サイズ、木星サイズがそれに続きます。ただ、小さいほうが見つけにくいということもあり、実際には地球サイズの惑星は発見数以上に、もっとずっと多いだろうと考えられています。

ホットジュピターとエキセントリック・プラネット

母なる恒星のすぐそばをめぐっている木星のような大きな惑星、ホットジュピターはこれまでに多数が発見されています。同じような軌道をめぐる天王星サイズの惑星も多く、こちらをホットネプチューンと呼びたいと考える研究者もいるようですが、この名称はあまり一般的にはなっていなくて、太陽に近い巨大惑星はほとんどみなホットジュピターと呼ばれているようです。

水星軌道のわずか10分の1ほどの距離を数日で1周してしまうような巨大なガス惑星の中には表面温度が千度を超えるものもあり、恒星の表面から飛び出すプラズマによって惑星からはぎ取られた大気が、彗星の尾のように遠方に向かってたなびいている惑星があるのも観測されています。もしも近くで見ることができたなら、とても幻想的な絵を見ることになりそうです。

恒星のまわりに惑星が形成された際、素材となるガスやチリなどの星間物質が多く存在したために、ひとつの恒星のまわりに木星タイプの惑星が3個以上生まれることもあります。そうした惑星系では、互いの重力によって軌道を乱し合う結果、1つ、または2つが

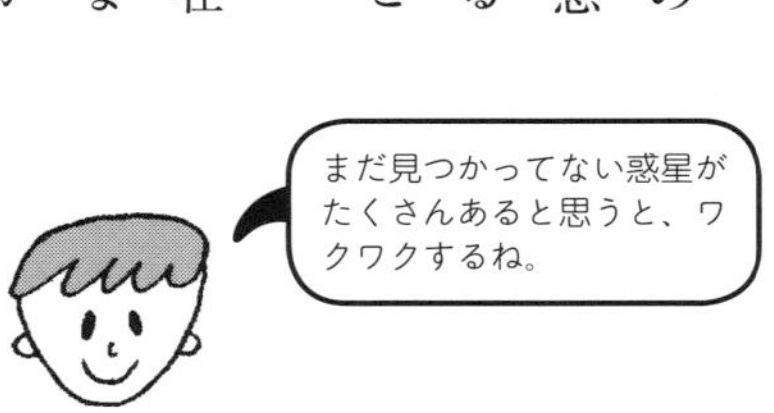
まだ見つかってない惑星がたくさんあると思うと、ワクワクするね。

系外に弾き飛ばされ、残ったいちばん内側のものが太陽の近傍に移動する、といったことが計算から導き出されています。

ホットジュピターはこうして誕生したと考えられています。また、残ったほかの巨大ガス惑星が彗星のように極端なだ円軌道を描くようになったりすることもあります。実際そうした軌道を描いてまわる木星型の惑星も見つかっていて、そうした惑星は「エキセントリック・プラネット」と呼ばれています。

ハビタブルな惑星

恒星のスペクトル分類などからその重さや大きさがわかり、照射するエネルギーがわかります。それをもとに、その星系で水が液体のまま存在できる恒星からの距離を求めることができます。星系内で水が液体で存在できる領域を「ハビタブルゾーン」と呼びます。そこに存在する惑星がハビタブル惑星です。太陽系では、地球のある領域がまさにハビタブルゾーンの内側で、地球は太陽系ハビタブル惑星の代表となります。

最初の原始的な生命が誕生してから地球全土に生命が拡散するまで何十億年もかかったことから、生命が存在する可能性のある惑星を探すにあたっては、1億年に満たない寿命の恒星は除くような選択もおこなわれています。1章で挙げたHR図の恒星のスペクトル分類では、青～白の巨大で短命な恒星ではなく、黄白色からオレンジ色のF、G、Kタイプの恒星に探査の目が向けられているほか、より小さく何百億年もの寿命がある赤いMタイプにも関心が向けられています。

青や白の大きい恒星は、単に明るいだけでなく、生物にとって有害な領域の電磁波や高エネルギーの放射線も大量に放出しているため、そうした恒星をめぐる惑星では生命が進化するのは難しいだろうという判断もあります。

地球に似た惑星も

予想どおりというか、私たちの願いどおりというか、太陽系にもっとも近いアルファケンタウリにも、系外惑星が発見されました。見つかった惑星は地球よりも少し重いレベルの星でしたが、水星軌道よりもはるかに近い距離をまわっているため灼熱《しゃくねつ》の環境で、とても生命が住めるような星ではありませんでした。それでもこの発見が、太陽に似た恒星やそれよりやや小さな星に地球型惑星がどんどん見つかってほしいと願う研究者や宇宙にあこがれるファンを勇気づけてくれたことはいうまでもありません。

２０１１年に系外惑星探査衛星「ケプラー」はハビタブルゾーンにある地球の２・４倍ほどの惑星（**仮称：ケプラー22b**）を発見しています。ケプラー22は地球からおよそ６００

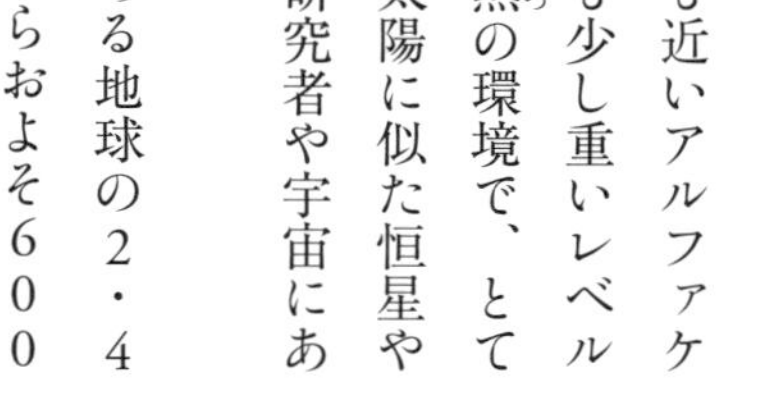
ハビタブル（habitable）＝「住むのに適した」という意味だよ。

光年ほどの距離にある恒星で、惑星はそこを290日かけてまわっていました。

2011年に「地球よりも小さい惑星」を初めて発見したケプラーは、小さな赤色矮星のまわりを岩石で構成された地球よりも小さな惑星が3つもまわっている星系も見つけています。こうしたデータを見ると、見つけにくいだけで、岩石で形作られた地球型の惑星は、宇宙にあまねく存在していると考えてよさそうです。

もともとケプラーは、「ハビタブルゾーンに地球型の惑星を発見する」という使命ももっています。その目的に1歩1歩近づいている足音が、だんだん大きく聞こえてくるようになってきました。

浮遊する惑星

さて、この章の最後に、「浮遊《ふゆう》惑星」についても少しふれておきましょう。

浮遊惑星は、母星と呼べる恒星をもたずに単独で銀河を周回していたり、勢い余って銀河を飛び出そうとしている惑星サイズの星をいいます。その昔、恒星のようにきまった動きをせず、天空で複雑な動きをする惑星を「遊星《ゆうせい》」と呼んだこともありましたが、浮遊惑星はまさに宇宙の遊星と呼べる星です。見つけられないだけで、数千億個が銀河には存在していると考えている研究者もいます。

木星型の巨大惑星が3つ以上生まれた星系では、重力のバランスを互いに崩しあった結果、そのうちの2つを残して、ほかは系外に飛び出してしまうというシミュレーションがあるように、生まれた星系から放出されてしまう惑星は意外に多く、そうした惑星が人知れず宇宙空間をさまよっているようです。

質量の小さい地球サイズの惑星では、こうした星系外への放出がより簡単に起きてしまうことから、地球からの発見は困難であるものの、小さな惑星はこの瞬間も相当な数が宇宙を漂《ただよ》っているだろうと推察されています。

1930年代に書かれたSF『地球最後の日』は、浮遊惑星が地球に衝突して地球は滅びるけれども、浮遊惑星の伴星だった地球に似た星が地球の軌道にすっぽり収まって、人類はそこに移住して生き延びて……、という物語でした。映画化もされているので、観たことがある方もいるかもしれません。イギリスでテレビドラマとして製作された『スペース1999』（1974〜75）は、月が核爆発の影響で地球軌道から離れて浮遊惑星化してしまう話です。日本でも、浮遊惑星が地球に衝突するのを回避する様を描いた『妖星ゴラス』（1962）などの映画が製作されました。

ドラマが描きやすいこともあって、このタイプの作品はいろいろと作られてはきましたが、実際に浮遊惑星が太陽系に飛び込んでくるような事件は、宝くじに当たるよりもさらにずっと低確率ですから、心配は杞憂です。

宇宙の質量の大部分を占める暗黒物質の大部分は未知の素粒子だろうと推察されていますが、単に見えないために発見できない通常物質もそれなりにあり、その中には浮遊惑星のようなものや、完全に冷えて死んでしまった褐色矮星などが含まれているのではないかと考えられています。

それでも、銀河系の中に浮遊惑星が恒星の数倍の数あったとしても、総質量は恒星に星間物質を加えたものの1パーセントにも満たないと計算できるため、銀河の中に存在する本物の暗黒物質からすれば、誤差の範囲程度、といってしまってかまわない量となります。

生命は、ありふれているかも

「それはまだ、答えちゃいけない質問なんだ」

珍しくまじめな口調でコスモくんが言った。

宇宙には、知的な生命体がどのくらいいるの、という質問に対する答えだった。

「その答えは、人類が自分たちの力で見つけないとね」

ルールだから、と少しだけ大人びた口調でいう。

ふだん、コスモくんは、見かけも挙動も、とても子どもっぽい。それはたしかに彼の一面ではあるのだけれど、まだ見せていない姿があることも薄々感じていた。

それは、だれかが決めたルール？　自分の中にあるルール？　心の中で問いながら、彼の黒い瞳を見つめる。問いは伝わると信じて。

この質問も、してはいけないものだったようで、コス

モくんはあいまいな笑みを返した。

まぁ、そうだろうな……と思う。興味が出て聞いてはみたものの、いま自分が尋ねてもしかたがないことだ。

「じゃあ、質問を変える。先に確認するけど、宇宙には、条件がそろえば生物が誕生して進化する星はそれなりにある。ここまではいいんだよな？」

「うん。もちろん」

嬉しそうにほほえむ。

「そうじゃなかったら、わざわざ君に会いに地球にやってくることもなかったよ。ちょっと前まで、かなり遠い場所にいたしね」

けっこうがんばって飛んできたんだよ、と努力を強調するかのようにコスモくんは言った。そして、聞き取れないほどの小さな声でぼそっと、「約束だったからね」と言った。

「ん？」

コスモくんは「なんでもない」と目を伏せて、ゆっくりと首をふる。

ちょっと気にはなったが、先を続けることにする。

「たとえば近い将来、人類が地球以外の生物に出会える可能性があるかどうか、って聞くのはありなのかな？」

「出会いは、今世紀か来世紀にあるかもしれないよ。もしかしたら」

即答だった。待っていたような彼の反応に、こっちが逆に驚く。

「つまり、それは、太陽系の中で、ってことか？」

大きくうなずくコスモくん。

「探しているでしょ？　ＮＡＳＡなんかが。火星の表面とかで、生命の痕跡《こんせき》を」

そうだな。いまも火星の表面には探査車がいて、調査を続けている。北極や南極を中心に、水やドライアイスがあるのがしっかり確認されている火星。誕生からの数億年は、地球のような海のある惑星だったらしいこともあり、生命の痕跡発見への期待は高かった。

「微生物とか、見つかるといいね。ワクワクするよね」とコスモくんは言った。そして。

「でも、太陽系の中で生物がいる可能性がいちばん高いのは火星じゃない。知ってる？」

「うん」

可能性があるのは、木星の第2衛星エウロパだろう。映画『２００１年宇宙の旅』の続編でも、その可能性が示唆《しさ》されていた。うちの本棚には、『生命の星・エウロパ』というタイトルの本も並んでいる。

「凍りついているエウロパの地下には深い海がある。木星の強い重力がつくる潮汐力《ちょうせき》が、より近い衛星イオにたくさんの火山をつくりだしているのと同じように、でもほどよくエウロパにも作用してくれるおかげで、エウロパの内部は決して凍りつかないし、イオのように危険な星でもない」

自分の家について話しているかのように、コスモくんがエウロパのことを語った。

そう。だから、地球の深海生物の研究者も、エウロパの海底にある地球の深海そっくりな部分に光を必要としない生命が存在することを期待している。

「多くの生物には太陽の光が必要だけど、絶対、というわけじゃないんだよね」

その声に、宇宙に存在するすべての生き物を愛《いと》おしむような響きを聞いた気がした。

いつになくまじめに話してくれたおかげで、これまで見えていなかった彼の一部が理解できた気がする。そのせいでかえって、コスモくんの正体がわからなくなる。宇宙そのものの象徴というのがいちばんしっくりくるんだが、そう思うことを理性が拒《こば》んでもいた。

だって、ありえないじゃないか。そんなこと……。

オレにさわるとヤケドじゃすまないぜ！（いやマジで）

パンクな目立ちたがり屋

超新星くん

Supernova

太陽の８倍以上の質量の恒星が最後に大爆発を起こすと、超新星くんに変わる。超新星爆発のあとは星の重さによって中性子星になるかブラックホールになるか道がわかれる。どっちが勝ち組かは不明。愛称は「すぱのば」？　極超新星（ハイパーノヴァ）くんは親戚。

5

シャイだから宇宙の闇にまぎれてるけど、実はたくさん仲間がいるんだ。

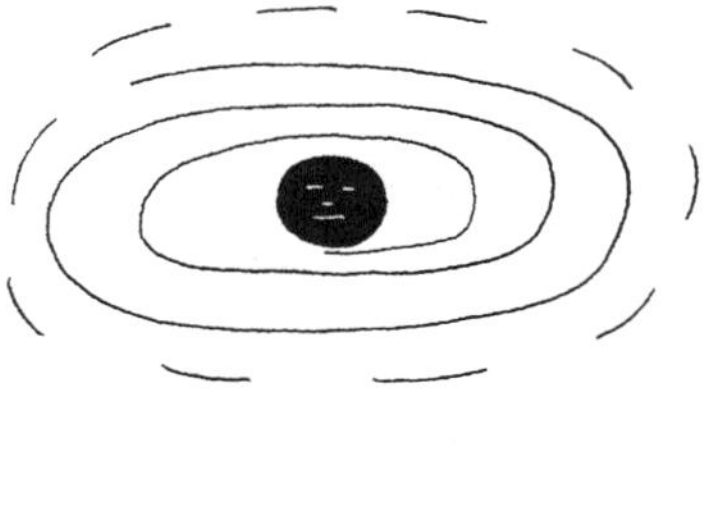

時空をあやつる

ブラックホールくん

Black hole

光さえ抜け出せないため直接見ることができない謎めいた天体。その謎の多さゆえコアなファンをもつ隠れた実力者。一度引き込まれたら戻れないと恐れられるが、実際はめったに近づけないからさほど心配はいらないらしい。銀河系の中心にも巨大なブラックホールがある。

6

第3章
星の誕生とその終末

1 宇宙に誕生した最初の星

宇宙で最初の恒星

この宇宙が誕生したのは、今からおよそ137億年前。私たちの太陽が、だいたい46億歳ですから、宇宙の誕生はそれよりさらに90億年もさかのぼることになります。

宇宙に恒星が誕生したのは、「ビッグバン」と呼ばれる始まりの大爆発から3億年が経ったころのことで、最初に生まれた恒星は、現在私たちが見ているものよりもずっと重く、多くが太陽の10倍から50倍もの質量をもっていたようです。

まだ宇宙が相当熱かったビッグバン直後に、もしも外から宇宙を眺めることができたなら、宇宙全体がとてもまぶしく輝いて見えたかもしれません。でも、その光は、宇宙の時間からすればごく一瞬のことで、拡張して冷えていくのにともなって、急激に色を失っていきます。

それからの3億年間、宇宙は真っ暗な世界だったはずです。

そんな暗黒の世界の中で重力だけが、黙々と己《おのれ》に課せられた仕事をしていきます。

宇宙の誕生直後から存在していた水素やヘリウムのガスが、自身がつくる重力によってゆっくりと集まりはじめた場所が宇宙の各所にでき、それが収縮をはじめたことが、恒星誕生のきっかけとなりました。最初に宇宙にあった「ほんの少しの密度のゆらぎ」が、恒星をつくるだけの量のガスを一点に集めるのに、3億年という、とてつもなく長い時間を必要とした、ということです。

そして、ある日。ゆっくりと「あかり」が灯《とも》るように、最初の恒星に核の火が点火されました。まさに、「光あれ！」です。

その光が灯ってからあらためて——、いえ、本当の意味で、宇宙が照らし出されるようになりました。その光は、いまも途切れることなく宇宙を照らし続けています。

生まれては死んでいく恒星が、宇宙にある物質を豊かにしていく

先に、最初の恒星は太陽の10倍から50倍もの質量をもっていたはずと記しましたが、これだけの重さがあるということは、最初の星々は今の恒星よりもさらに明るく、あっというまに燃料である水素を使い果たして老星となり、順番に超新星爆発を起こして飛散《ひさん》していったはずです。

その寿命は1千万年どころか、１００万年もなかったかもしれません。その後、第2

世代、第3世代の星が生まれていきましたが、まだしばらくは短命の時代が続きました。

誕生した当初から宇宙には、水素とともに、元素の周期表で水素の次の席に座るヘリウムも存在していました。現在知られている素粒子《そりゅうし》群が誕生した、できた数瞬後の熱い宇宙で、陽子、中性子が2個ずつ結びついて、ヘリウム原子核も生まれていたからです。

しかし、生命のもとになる炭素や酸素や窒素はまだありません。もちろん、土や岩のもとになる硅素《けいそ》もありません。ですから、できたばかりの宇宙には、地球や月のような固体の惑星や衛星は存在していませんでした。当然、水や氷も存在しないので、彗星もありません。宇宙にあるのは、ただ青く輝く恒星ばかりの、生まれてまもない銀河でした。

そんな最初の恒星と、恒星が集まった銀河を、宇宙望遠鏡はずっと探し続けています。現在発見されているもっとも遠い（＝**もっとも古い**）銀河は、およそ133億年前のもの。宇宙で最初に生まれた、現在最遠のものよりあと1億年古い銀河が見つかる日を、多くの研究者が待ち焦がれています。

きっかけは暗黒物質？

「目に見えている物質の何倍も多く、宇宙には存在しています」と1章でも紹介した暗黒物質（**ダークマター**）は、宇宙が誕生したときすでに宇宙にありました。ビッグバン直後の、高いエネルギーに満ちた宇宙のみが生み出すことのできる、きわめて特殊な素粒子がその正体だろうと推察されています。

暗黒物質は、電子や陽子のようなプラスやマイナスの電荷をもたず、他のどんな物質とも、光ともやりとりをしないので、直接存在を確認することが難しく、なかなか正体がつかめません。ただ、どんな物質よりも安定した物質で、誕生したときのまま、いまも変化せずに存在し続けていることだけはたしかで、「その寿命はおそらくは宇宙の寿命よりも長いだろう」と考えられています。

ビッグバン直後の特殊な環境でのみつくられる、変化することのない安定した素粒子が暗黒物質の正体であるとしたら、初期の宇宙の状態を再現できるほどの高いエネルギーを生み出すことのできる研究施設を造ることで、その素粒子を発見できる可能性があります。

2012年に、「物質に質量を生み出すもと」とされるヒッグス粒子と見られる素粒子発見のニュースが世界を駆け抜けましたが、暗黒物質とも何らかの関係があると推察されるヒッグス粒子が詳しく解明されることで、暗黒物質の正体にも大きく一歩近づくことができると考えられています。

そんな暗黒物質ですが、誕生直後の初期宇宙で、人知れず大仕事をしてくれていた可能性があるのです。

誕生直後の宇宙に、ほぼ均等に分布していた暗黒物質が、ほんのわずかに存在した密度の「ムラ」を自身の重力で助長させて、暗黒物質が集まっている部分と、薄い部分という立体構造をつくり、それを発達させる過程で、暗黒物質が多いところに原子などの通常物質も重力の作用で引き寄せられて集まり、それがもとになって宇宙の基本構造ができたのではないかと考えられているのです。

通常物質だけでは、最初の恒星を生み出すような物質の集中状態をつくることはできなかったのではないか、仮にできたとしても、もっとずっと長い時間を必要としたのではないか？　つまりは、暗黒物質が宇宙の基本骨格をつくったことで最初の星々が生まれたのではないか、という主張です。まだ検証の余地はあるものの、どうもそれが真相に近いのではないかと考えられています。

まんべんなく宇宙に広がっていた星間ガスに密度が高い部分、低い部分という「ムラ」をつくるきっかけをつくった——もともとあったわずかなムラを助長するように働いたのが暗黒物質であるなら、宇宙最初の恒星の誕生も、暗黒物質が存在していたおかげということになります。宇宙が現在の形に「進化」したのも、暗黒物質が大きな役割を果たした結果であり、さらにそのおかげで地球が生まれ、地球に生命が生まれることができたのだとしたら、私たちは暗黒物質に足を向けて眠れないことになります。

2 星の生涯

星が誕生するきっかけ

太陽に代表される恒星の素材となっているのは、宇宙が誕生したときから存在している水素ガスを主体とした星間ガスですが、現在の宇宙には、ガスに混じって、炭素や硅素《けいそ》、鉄、イオウ、マグネシウム、カルシウムなどの重い元素や、これらを含んだ化合物の粒子も浮遊しています。

地球や火星のような岩石でできた惑星の成分でもあるこれらの物質は、巨大な恒星の内部で、核融合によってつくりだされ、恒星の寿命の最後に訪れる大爆発によってまき散らされたもので、宇宙塵《うちゅうじん》（**星間塵**《せいかんじん》）とも呼ばれるこうした微小物質と星間ガスを併せたものが、「星間物質」です。

素粒子の陽子1個とほとんど変わらない重さの水素原子は、ひとつひとつではとても軽いものですが、それでもまとまって存在すると、周囲に対して重力が働くようになります。ゆるい塊《かたまり》となった星間ガスが、自身の重力でまわりのガスを引き寄せ始めると、周囲の空間に比べてガスの密度が高い領域ができます。そこが恒星のゆりかごであり、のちの恒星そのものでもあります。

そして、そんな星間ガス雲の近くを、恒星が通過した、超新星爆発の衝撃波が届いた、銀河に別の銀河が衝突した。そんな事件によって生じた重力の乱れや衝撃波をきっかけにして、恒星の卵は孵化《ふか》に向かって成長をはじめることになります。

高速で回転している銀河自体、星が密度高く集まっている腕の部分で強い衝撃波を生み出していて、直撃を受けるかたちになる、そこに存在する星間ガス溜まりもまた、恒星誕生の現場となっています。

恒星への成長

そんなきっかけによって少し密度が上がった星間ガスは、自身の生む重力によって、回転しながら収縮をはじめます。密度が高まる中心部は少しずつ圧力も増し、それによって温度が上昇し始めると、赤外線や電波を発するようになります。原始星《げんしせい》の誕生です。

赤外線で観測をおこなっている地球の近くにある宇宙望遠鏡は、こうした星からの赤外線をとらえることで、新たに星が生まれる現場を探しています。

原始星の中心温度が1千万度に達すると、水素の核融合が始まり、恒星としての生涯がスタートします。どんな恒星でも始まりはすべて水素の核融合から。例外はありません。水素の融合で生まれたヘリウムが核融合を起こして酸素や炭素を生み出す次のステップに進むには、1億度というさらに高い温度が必要です。

スターバースト

銀河に近くの矮小銀河が飛び込んだり、大きな銀河どうしが正面から衝突すると、それをきっかけに、すさまじい数の恒星が新たに誕生することがわかっています。

宇宙の用語に「スターバースト」というものがありますが、これは星が吹っ飛ぶ爆発を意味しているのではなく、「星が爆発的に生まれている状況」を示しています。

私たちの銀河に生まれる恒星は平均すると年に10個ほどですが、爆発的な星形成が起こっている銀河（**スターバースト銀河**）では、1年に4千個もの恒星が誕生しているケースもあるようです。まさに、誕生のラッシュ、ですね。

ただし、銀河どうしが衝突するといっても、その際に実際にぶつかるのは星ではなく、それぞれの銀河の中の星間物質で、目には見えない暗黒物質どうしも激しく衝突します。微小な物質どうしではありますが、まとまって存在しているものが秒速数十万キロメートル、あるいはそれ以上でぶつかる衝撃は、やはり相当なものなのでしょう。

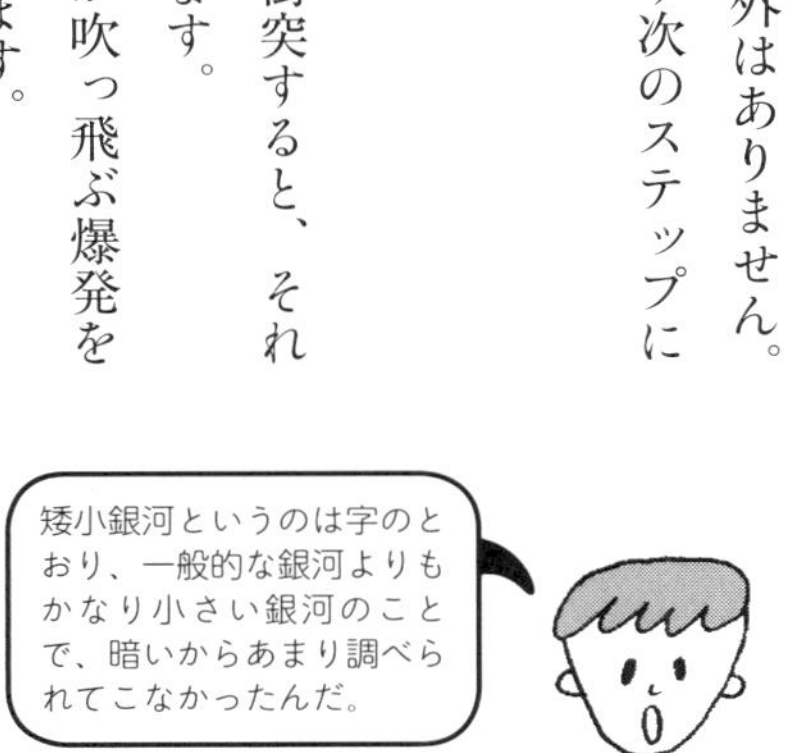
矮小銀河というのは字のとおり、一般的な銀河よりもかなり小さい銀河のことで、暗いからあまり調べられてこなかったんだ。

ふつうの物質と接触しても反応せず、暗黒物質どうしの衝突でも特別な反応は起こらないため、暗黒物質がそのまま恒星になるわけではありませんが、輝く星々の数倍の質量をもった暗黒物質は安定していたその空間の重力を乱します。それが広範囲に大量の恒星を産む力の一助となるわけです。

ただ、スターバースト銀河には裏の顔も存在しています。

巨大な銀河どうしの衝突によって生まれたスターバースト銀河の中には、それぞれが中心核にもっていた巨大ブラックホールが融合してさらに巨大に成長した上に、新たに生まれた星が次々とブラックホールになって、さらにそれが巨大ブラックホールに吸収されて巨大化を加速。さらには巨大ブラックホールの回転によって生じる高速のジェットによって、銀河の中心付近にあった恒星の材料となる星間物質がかたはしから、はるかかなたの銀河間空間に吹き飛ばされてしまい、その後、急激に恒星の誕生が減って、数億年で輝きのない天体になってしまう可能性もあるのです。

一見喜ばしくも見えるベビーラッシュが、銀河としての運命をねじ曲げてしまうこともあると考えると、胸に複雑な思いも交錯します。

誕生や消滅……今も宇宙では、かずかずのドラマが起きているんだね。

星の質量が運命を決定

恒星の重さは、そこにあった星間ガスの量によって決まってきます。

単独で生まれる恒星は意外に少なく、その多くは複数の恒星が互いの重心をまわる連星《れんせい》として誕生するというシミュレーション結果も出ています。そのまま連星として関係が続くものがある一方で、重力バランスが壊れて、一方が星系の外に放り出されてしまうケースも出てきます。0・1光年を超えるようなきわめて遠方をめぐることで安定した軌道を描けるようになる伴星もあります。

どれほどの質量を集めて生まれてくるかということを含めて、恒星の運命も多彩ということなのでしょう。中には材料不足のために、ちゃんと光らずに終わる褐色矮星も生まれてきますが、いずれにしても、たくさんの素材からは重い星が、少ない素材からは軽い星が誕生をすることになります。

数百万年から数千万年で爆発してしまう重い星がある一方で、1千億年を越える長寿の軽い星ももちろんあります。恒星として、どちらが幸せなのかわかりませんが、重い星が次々と生まれてこなければ宇宙に生命が誕生することもなかったのは事実で、文明の機器を支えるさまざまな元素も生まれませんでした。それを思えば、ときに周囲の星々に「絶滅」という悲惨な「死」をまき散らすこともある短命の重い恒星にも、大きな存在意義があると認めざるをえなくなります。

宇宙の進化の意味

誕生から今まで、そしてこの先。宇宙の移り変わりは、「進化」ということばで形容されています。最初の瞬間は急激でダイナミックに、中盤はゆるやかだけれども確実に、そして……。

最後はまだ断定できないのですが、静かな終わりになるような気もします。

重い元素を生み出し続ける重い恒星は、宇宙の化学的な構造を少しずつ変えていく存在です。銀河の中心などで巨大に成長したブラックホールは、強い重力で宇宙の空間にゆがみを生み出していきます。

宇宙の進化にとって無視できない存在である、生まれては消えていく恒星に囲まれて、私たちは生きています。

3 恒星のゆく末は重さしだい

恒星内部で起こっていること

私たちの太陽の寿命は、およそ１１０億年。これから先も、しばらくは安定した輝きを保ち続けますが、およそ60億年後には大きくふくらみ、赤く巨大な赤色巨星になることが運命づけられています。もちろん、その膨張の過程で地球も蒸発して消えてしまう可能性が大ですが、遠い遠い未来の話でもあり、あまり現実感はありませんよね。

宇宙にある恒星は、私たちの太陽よりも小さいものがほとんどです。つまり、多くは１００億年以上の寿命をもちます。宇宙の寿命を正確に予想することはなかなか困難ですが、たとえば太陽の2割程度の重さしかない赤い小さな星はとても燃費がよいため、宇宙が終焉《しゅうえん》を迎える日まで核融合を延々と続け、変わることなく輝き続けているかもしれません。それほどに、長寿なのです。

恒星は、おもに水素からできている巨大なガス球です。たとえば私たちの太陽は地球の約33万倍もの質量をもちますが、先にも挙げたベテルギウスは地球の６５０万倍を超え

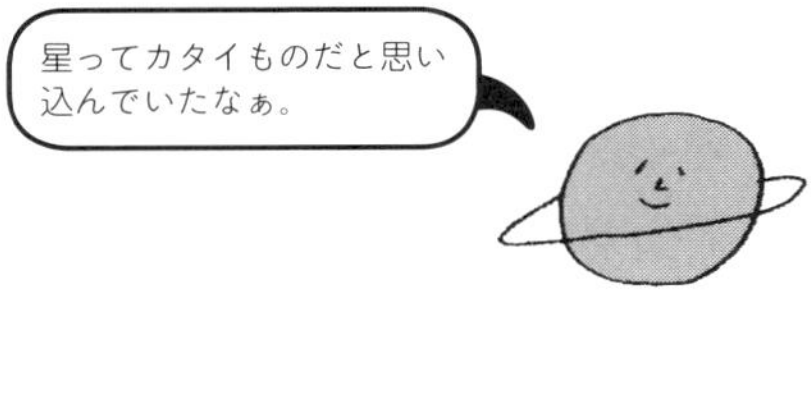

ますし、1千万倍超えるような重い恒星も存在しています。
ガスでできているとはいえ、これだけの質量がつくる重力はきわめて大きく、なにもしなければたちまち、「ぐしゃっ」と、つぶれてしまいます。それを押しとどめているのが、核融合によって生み出される「熱」です。すべての恒星は、自身の重力によってつぶれようとする力と核融合の熱による膨張する力がちょうど釣り合った状態にあります。つまり、核融合をする材料が尽きた瞬間、この微妙なバランスは簡単に崩れてしまう——つぶれてしまうということになります。

核融合の材料である水素が尽きてくると、膨張する支えを失った中心部は自身の重力で急激に縮んでいきます。逆に、恒星の外層にある大気は、中心部分が収縮することで生まれたエネルギーを受け取って、ゆるやかに拡張していきます。

膨張にともなって恒星表面の温度が下がってくることから、もとが黄色やオレンジの星も、みな赤い色になります。これが「赤色巨星」と呼ばれる姿で、私たちの太陽も文字どおり「真っ赤な太陽」になります。ただ、巨星化することで表面の重力は弱くなってしまうために、表面だけを見れば泡立てたメレンゲのように、ふわふわ、ゆらゆらした状態になります。

太陽質量の8倍以下の恒星の場合、やがて爆発をともなうことなく表層が宇宙空間に染《し》

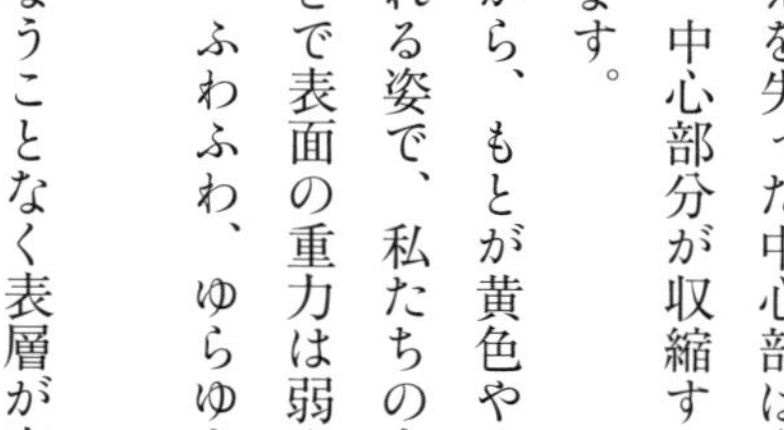
自分の重力でつぶれてしまうことを重力崩壊と呼ぶよ。

みだすように拡散していきます。ゆっくりと膨張していく赤色巨星の表面付近にあるエネルギーの高いガスは、恒星の重力を振り切るだけの速度をもっているため、そこに留まらずに飛び出し、広がっていくのです。色鮮やかに撮影される「惑星状星雲」と呼ばれる天体は、こうした星から飛び出したガスが宇宙空間に拡散した姿です。

こうした恒星残滓《ざんし》に惑星状星雲という名前をつけたのは、天文学者にして音楽家でもあった天王星の発見者でもあるウィリアム・ハーシェル。天王星の衛星、オベロンとティターニアの発見者でもあります。ちなみに、この2衛星にシェークスピア作品ゆかりの人物の名をつけた張本人はウィリアムではなく、同じく天文学者だった彼の息子のジョン・ハーシェル。息子は父親よりも、ずっとロマンチストだったようです。

さて、最後にその場に残るのは質量の大半を失った中心核で、この星が「白色矮星《はくしょくわいせい》」と呼ばれる星です。代表格はシリウスの伴星のシリウスB。直径は地球より小さく1万キロほどしかありませんが、質量は私たちの太陽とほぼ同じです。ただし、白く輝いていることからもわかるように表面温度はとても高く、3万度にも達しています。

しかし、自身の重力で収縮して高温になったものの、核融合はすでに終わり、内部にはもう、熱源になるものはなにもないため、白色矮星はやがて冷えて宇宙空間と同じ温度に変わっていきます。色も白から赤へとゆるやかに変化して、最後は褐色矮星と同じように赤外線だけを出すようになりますが、いずれ静かな終焉を迎えます。

水素の核融合をしている期間が星の生涯の中心時期。先にHR図（**55ページ**）で示した主《しゅ》系列星《けいれつせい》というのは、この時期の恒星を指すもので、それ以降は恒星にとっての晩年から余生。白色矮星にしても、これから解説する中性子星やブラックホールにしても、星が本来の生涯を終えた後の姿となります。

白色矮星の中味

中心核の収縮が始まり、赤色巨星へと進化し始めた恒星の深部は、水素が核融合を始める1千万度をはるかに超えて、さらなる高温高圧状態になります。ある程度以上の重さをもった恒星では、1億度というヘリウムが核融合をする条件を満たして、新たな核融合が始まります。さらに重い星では、その先、先へと恒星の内部で段階的に層をつくるようにして核融合が進んでいき、最終的には鉄まで元素の合成が進んでいきます。ただ、ヘリウム以降の核融合はあっという間に進行して燃料を使い果たしてしまうことから、その時点で、恒星としての終末へのカウントダウンは始まっています。

もとの質量が太陽質量の0・46倍以下だった場合、水素がヘリウムに変わる反応で止まってしまうため、最終的にヘリウムが中心となった星になります。太陽質量の0・46倍から4倍までの恒星は、ヘリウムをもとに炭素や酸素がつくられます。太陽質量の4倍から8倍の星では、炭素を中心とした核融合が起こることで、マグネシウムやネオンなどが生成されていきます。

白色矮星の内部では、圧力が高く温度も高い深部でも、原子はその形を保っています。そのため、格子状の「ある領域」の中に原子はそれぞれ1個しか存在できません。ただし、その格子はかなり頑丈ではあるものの、星の重さが一定量を超えて、自身がつくる重力が格子を維持できる力を超えてしまうと、崩壊します。つまり、白色矮星が白色矮星として存在できる限界質量が存在するわけです。

この限界のことを、発見者の名前をもらって「チャンドラセカール限界質量」と呼びます。その数値は太陽質量のおよそ1・4倍で、この限界を超えてつぶれてしまった星が中性子星です。

白色矮星の中にある原子の格子は、自身の重力を必死にこらえて、つぶれる力を押し戻そうとしている状態にあることから、一般の恒星には見られない特殊な特徴をもちます。それは、「軽い白色矮星よりも重い白色矮星のほうが半径が小さい」ということ。当然ながら、小さい白色矮星のほうが大きい白色矮星よりも重力も大きい、ということになります。

重い恒星のたどる道

太陽質量の8倍というラインに、恒星の将来像を決める境界線が存在しています。表面のガスを拡散させて静かに死んでいくか、生涯最後の輝きとして大爆発をして果てるかが、ここで決まるのです。その爆発こそが「超新星爆発」です。

核融合が止まったことで恒星の中心核は重力崩壊を起こして急激につぶれ、さらに高温になり、その際に一気に放出されたエネルギーが表面を中心に質量の大部分を吹き飛ばすことになります。爆発のエネルギーは収縮しつつあった中心核にも襲いかかり、爆発的な収縮（爆縮）を起こし、その結果、原子が自身を支えられる限界を超えて、原子核をまわっていた電子が原子核に落下、陽子と結びついて中性子になります。こうして、超新星爆発を起こした重い星の中心部には中性子星が残されることになります。もちろん、千年前に超新星爆発を起こした、例の「かに星雲」の中心部にも中性子星が発見されています。

さらに、太陽質量の20倍を超えるような超重星は、極《ごく》超新星爆発と呼ばれる超新星爆発をさらにパワーアップさせた爆発をします。超新星爆発を起こす恒星は、より軽い恒星よりも大きくふくらんで「赤色超巨星」になりますが、極超新星爆発を起こすような星は、超巨星になっても実は赤くなりません。超巨星化する際に表面のガスを吹き飛ばしてしま

● 星の一生

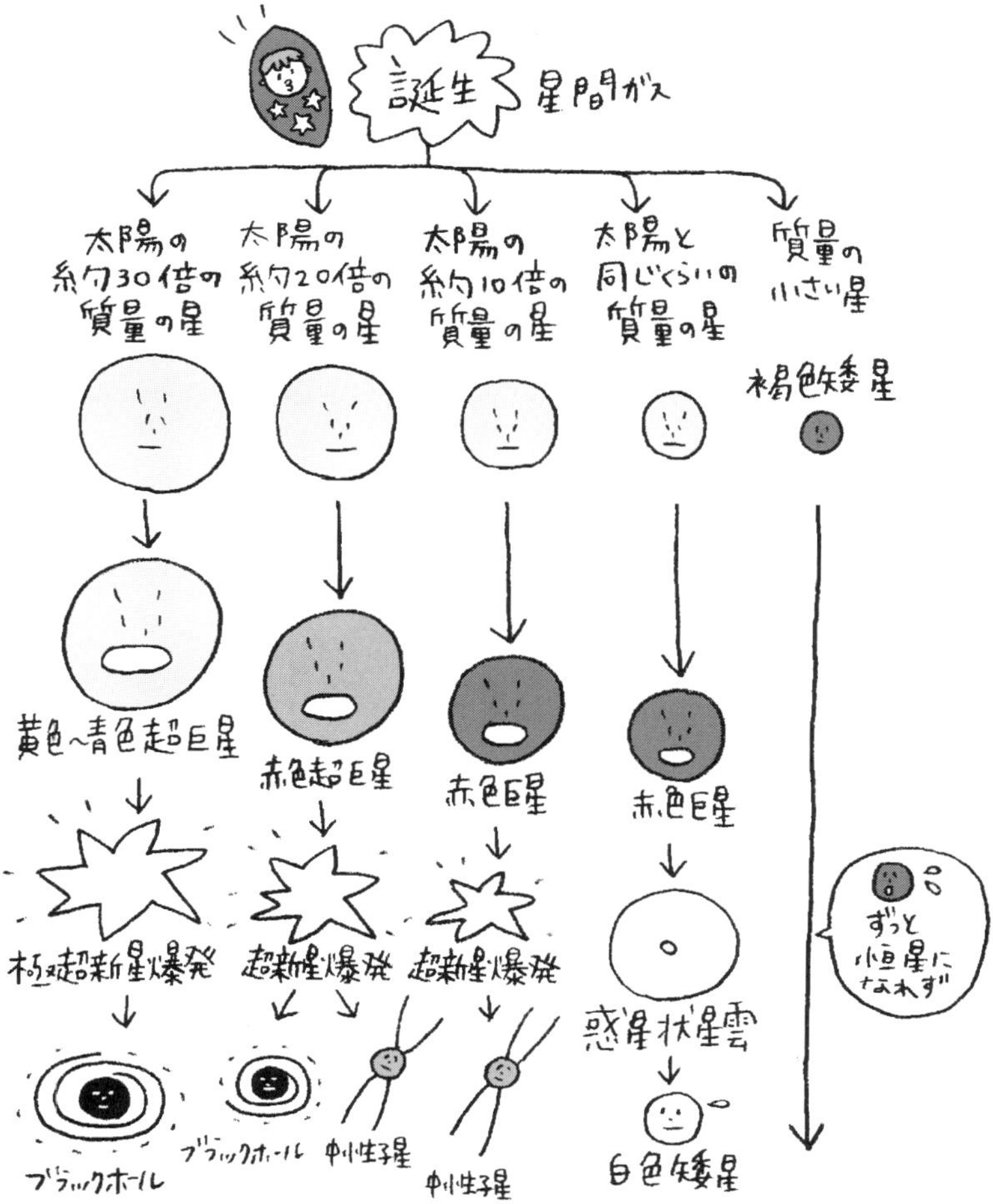

『140億光年のすべてが見えてくる　宇宙の事典』（沼澤茂美＋脇屋奈々代）他より改変

い、芯にあたる部分だけが残ることから、青や黄色の超巨星となります。

そして、そんな太陽質量の20倍を超える恒星が最後に至るのは、ブラックホールです。

4 超新星が生み出してくれたもの

次々とつくられていく重い元素

太陽の10倍、20倍といった大質量をもった恒星の深部では、深いところにいくほど熱と圧力が高まっていきます。

ある領域までいけばヘリウムが核融合を起こす条件が整い、さらに深くまでいけば炭素が核融合を起こす条件が整うという、タマネギの芯のような階層構造になっています。つまり、巨大な恒星の内部には、深いところから層状に鉄から水素までの原子が重なって存在しているわけです。

こうした恒星が爆発すれば、残るのはごくわずかな部分だけで、場合によっては質量の95パーセントが宇宙に放出されることになります。こんなプロセスで、宇宙にはさまざま

超新星を超えるすさまじい爆発は極超新星／ハイパーノヴァと呼ばれるよ。

な元素がばらまかれてきました。

さらに、最後にブラックホールになってしまうような巨大な質量をもった星の超新星爆発のエネルギーは、通常のものとは比較にならないほどにすさまじく、その一瞬のエネルギー放出の際に、金とかプラチナとかウランとかといった、鉄よりも重い元素が一気に生み出されたのではないかと考えられています。

装身具や貨幣としても長く使われてきた金やプラチナなどの重量感のある貴金属。最近は携帯電話などの電子部品の材料としても引っ張りだこで、その価値は以前にも増して高まるばかりですが、そんな貴金属類も、偉大な宇宙の錬金術師である大恒星が生涯の果てに生み出したものであり、極超新星爆発がなければ宇宙に誕生しなかったはずのもの。こうした元素が宇宙に存在していなかったとしたら、私たちの生活はかなり変わっていたように思います。

また、超新星の爆発によって生まれた衝撃波が、溜まっていた星間物質にぶつかることで新たな星の形成も促します。その中には巨大な恒星に育つものがあって、一定の時間が過ぎたときに、自身の誕生のきっかけになった衝撃波を生み出した星と同じ超新星爆発を起こして生涯を終える。しかし、それが終わりではなく、その際の衝撃波が次の恒星誕生のきっかけとなって……。そんなふうな誕生をめぐる連鎖《れんさ》も起こることでしょう。

ただ、極超新星爆発によって重い元素が合成されたというのはだれもが認める説には至っていなくて、複雑なシミュレーションから、金やプラチナ、さらに重いウランなどの元素は、2つの中性子星が激しく衝突して爆発した際にもつくられる可能性があると指摘する研究者がいることも追記しておきましょう。

クローンのようにまったく同じ威力：もうひとつの超新星爆発

これまで、核融合がストップした大質量の恒星が重力崩壊の末に起こす超新星爆発を解説してきましたが、超新星爆発にはさらに別のタイプ、Ia型の超新星爆発と呼ばれるものが存在しています。

単独でなく、連星として存在している白色矮星に、もう一方の星から継続して大気が流れ込むなどして質量が降り積もり、白色矮星として存在できる限界の重さ、チャンドラセカール限界質量を越えてしまったときに、白色矮星の内部では炭素を中心とした核融合が暴走を始め、中性子星になることなく大爆発をして、残滓としての星も残さずに四散して果ててしまうのがIa型の超新星爆発です。

実は、鉄やそのグループの元素を宇宙に大量にばらまいていたのは、このIa型の超新星爆発でした。

爆発間近のこのタイプの白色矮星の深部では、鉄を中心とした元素がすさまじい勢いで合成されていて、そこでつくられて宇宙に放出される鉄は、通常の超新星爆発の10倍にもおよびます。さらには、ニッケル、コバルト、マンガン、クロムなども大量に生み出され、宇宙に供給されるのです。鉄器文明が芽生えて以降、私たちが戦争や建築などに使ってきた鉄の中には、このようなタイプの超新星爆発によってつくられたものもおそらく含まれていたはずです。

Ia型の超新星爆発はきわめて明るく、30億光年、50億光年離れていても観測できるという特徴をもつほか、すべてが同じ規模の爆発で、いちばん明るくなったときの光度がどれもほぼ等しいという特徴ももっています。そのため、「ものさし」として使うことができて、赤方偏移の測定を通して、その超新星が含まれる銀河が遠ざかる速度と地球からの距離を正確に求めることが可能です。つまり、そこから宇宙が膨張する速度（**ハッブル定数**）やその変化までも、正確に求めることができるというわけです。

宇宙の膨張は、この137億年間一定だったわけではなく、ある時期までは宇宙が自身の重力の作用を受けて縮もうとしていた結果、膨張する速度に減速の傾向が見られていたものが、ある時期を境に重力の軛《くびき》を断ち切るかのように膨張が加速し始めたことがわかったのも、このIa型の超新星爆発の観測の成果でした。

パルサーって、なに？

最後に、宇宙に関係するニュースにときおり登場してくる「パルサー」について、簡単に解説をしておきましょう。１９６７年に初めて発見されたパルサーは、２ミリ秒から9秒という極めて短い周期で強い電波パルスを発信している星でした。

パルサーは超高速で自転をしていて、その自転が強い電波パルスを生み出していました。ふつうの惑星や恒星がこんな速度で回転しようとしたら、回転が始まった瞬間、瞬きするまもなくバラバラに崩壊してしまいます。

発見当初は謎の天体と騒がれたりもしましたが、自身を壊すことなく、これだけの超高速回転を維持できる桁《けた》はずれの重力をもった天体は中性子星だけであることから、いまではパルサーの正体は中性子星と断定されています。

パルサーの高速回転を生んだのは、爆発して中性子星になる前身の恒星の自転です。

恒星はそれぞれが特定の角運動量をもって自転していたわけですが、残った中性子星の直径がもとの１００万分の1から1千万分の1まで縮んでしまった結果、角運動量保存の法則に基づいて、直径が縮んだ分、自転速度が上がってしまったのです。

これは一見、ものすごいことのように思われがちですが、実はわりと身近な物理法則に

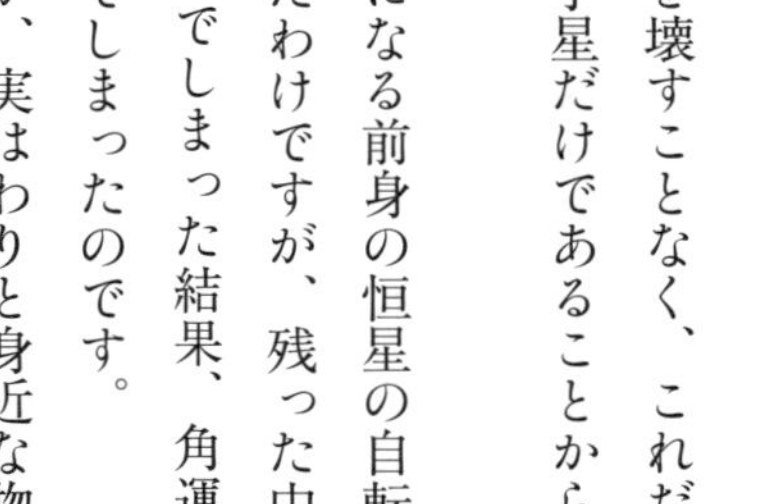
角運動量とは回転している物体がもっている運動の量のこと。

従っているだけで、たとえばフィギュアスケートの選手がスピンをするにあたって、両手を大きく広げているときは比較的ゆっくり回っていたものが、腕を引き寄せてシルエットが「細く」なると急に回転速度が上がるのと、いっしょの原理です。

5 宇宙で最初のブラックホール

最初のブラックホールの誕生

太陽の20倍以上の質量をもった恒星が超新星爆発を起こすと、残った恒星の核はブラックホールになります。恒星が核融合する材料を使い果たした後に重力崩壊を起こして生まれるブラックホールを、「恒星質量ブラックホール」と呼んでいます。一般に知られているブラックホールがこれです。

宇宙誕生の初期に生まれた恒星は、ほぼすべてが太陽質量の10~50倍もある大きなものだったため、あっという間にその生涯を終えて、あとにはたくさんのブラックホールが生まれたと考えられています。

最初の恒星の誕生とともに恒星は集団をつくりはじめ、銀河が形成されていきました。私たちの銀河をはじめ、多くの銀河の中心（**銀河核**）には太陽質量の数百万倍から10億倍もの重さのブラックホールが存在することが観測と計算からわかっていますが、初期の宇宙に誕生した銀河にも、その中心核にはブラックホールが存在していて、中にはとても活発な活動をしていたものがあることが判明しています。

それを教えてくれたのは、クェーサーという天体でした。クェーサーという名は略称で、英名の直訳は、「恒星のような電波を発する天体」。日本では準星という名前でも知られています。

恒星ではないものの、内部の星々が判別できないほど強烈に輝いていたために「恒星のような」と形容されたクェーサーは、銀河系やアンドロメダ銀河と同じような銀河です。大きくちがっていたのは、その中心核がきわめて活動的で、周囲を強く輝かせるほどのエネルギーを放出していたことでした。そのエネルギーは通常の銀河数十個分にも及んでいたこともあり、現在は、類縁であることが判明したセイファート銀河などを含めて、「活動銀河」という名前でグループ化されています。

調べてみるとクェーサーは、大きな赤方偏移が見られるほどの遠い距離にありました。宇宙の比較的初期に誕生した天体だったのです。

２０１１年の時点で確認されているもっとも遠いクェーサーは、１２９億年のかなたにあります。それはつまり、最初の恒星の誕生からわずか４〜５億年しか経っていない幼い銀河であることを意味していました。

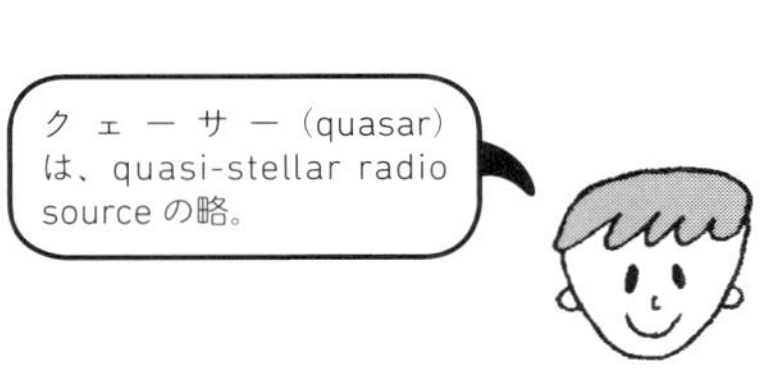
クェーサー（quasar）は、quasi-stellar radio source の略。

クェーサーの素顔

銀河に属する恒星は、銀河核を中心に公転をしています。つまり、中心に近い場所にある恒星は、太陽のまわりを周回する惑星のように、ブラックホールのまわりをじかに公転しているわけです。そして、彗星がときおり、大きな惑星の重力の影響などによって軌道をはずれて太陽に飛び込んでしまうように、ブラックホールのすぐ近くをめぐる恒星もときおりなんらかの理由で、ブラックホールの中に落ちていきます。

銀河核にある巨大ブラックホールが飲み込む恒星や、ブラックホールのまわりを渦《うず》を巻くように回転しながら落ちていく砕けた恒星を含む星間物質が、クェーサーなどの活動銀河のエネルギー源でした。クェーサーは、ほかの銀河の中心にあるブラックホールに比べはるかに多くの恒星を飲み込んでいたのです。むさぼるように……。

つまり、クェーサーから発せられているさまざまな種類の電磁波は、ブラックホールに飲み込まれた恒星たちが人生の最後にあげた悲鳴のようなものだったのです。

クェーサーを探る意味

クェーサーが発する光の中に、ヘリウムよりも重い元素が存在する「しるし」が見つかっていますが、これは、宇宙初期の恒星が巨大であり、超新星爆発、極超新星爆発を起こして重い元素をばらまいた証拠であり、クェーサー銀河はそうした最初の世代の恒星が生み出した星間塵を含んだ物質から生まれたことを意味しています。こうした事実からも、初期の宇宙の状態を知るためのヒントが得られるわけです。

先に挙げた129億光年先にある最古のクェーサーは、最初の恒星ができてわずか数億年しか経っていない若い宇宙の若い銀河にもかかわらず、太陽の20億倍もの質量がありました。現在の理論では、この時期に短期間のうちに銀河中心にここまで巨大なブラックホールができることは説明できません。初期の宇宙での巨大ブラックホールの形成は、まだ解けない大きな謎のひとつです。

宇宙のはじまりに起こったことは、まだまだわからないことだらけ。さまざまな観測から、証拠を集め、それらを組み合わせてやっとわかることもたくさんあります。クェーサーもまた、初期宇宙の謎を解き明かすために観測していく対象のひとつなのです。

恒星は錬金術師

「ベテルギウスって、明日爆発したりしないのかな……」

つい、つぶやいてしまったのは、ネットを検索していて不安になったからだった。

「大丈夫だよ。まだ、そんな時期じゃないと思う」

コスモくんは、やわらかく、ことばを換えるなら、あいまいに笑った。

宇宙のことをよく知っていて、人類が集めた宇宙についての知識もやたら豊富な彼が、きっぱりと断定しないことを不思議に思った。

「もしかして、はっきりとはわからない？」と訊くと、うん、とうなずく。

「お前って、宇宙のことなら、なんでも知ってるんじゃないの？」

「う～ん……」とうなる。

珍しい表情だった。悩むというより、どう説明したらいいのか迷う、といったふうで。

「宇宙ができてから今日までのことは、よくわかってるよ。最後にどうなるのかもわかる。今は詳しく話さないけどね。でも、ひとつひとつの事件がいつ起こって、途中どうなるかなんて、わかるわけないよ。君たちより、ずっと正確な予測はできるけどさ」

こいつは、宇宙の「なにか」ではあるけど、全知全能な神さまのようなものじゃないってこと……なのか？

横目で彼を眺めつつ考えていたら、「そうそう」とにっこりほほえんだ。

また考え、読んだよな――。いま？

こういうところが神さまっぽいんだが、そうでもない雰囲気も多分にあって。もうけっこう長くいっしょにいるのに、やっぱり正体がわからない。見かけは小さな子どものようで、言葉はほんとに舌ったらずなんだが。

ただ、たしかに叡知《えいち》はあるようで、ときどき鋭い指摘もする。宇宙について、なにを聞いてもしっかり答えてくれるので、今まで知らずにいたことがちょっとずつわかってきて、少しずつ霧が晴れていくように視界が開けてきたのはたしかだ。

そんなことをぼんやり考えていたら、急にしゃべりだした。

「でも、近くで爆発しちゃったりしたら、そりゃあ、生物にとっては脅威だよね。惑星丸ごと生物絶滅の危機になったりもするから。だけどね、さっきも話したように、超新星くんが大爆発してくれるおかげで、炭素や酸素や窒素やリンやカルシウムなんかが宇宙に放出されて、生命が生み出されるもとになったんだよ。いないと、とっても困るやつなんだ」

いきなりだれの説明だ？

超新星の話をしていたよな、今って。

「金とか銀とかプラチナとか、いわゆる金銀財宝の類だって、世界に生み出されたのは彼のおかげだしね。彼がいなかったら、海賊だって商売あがったり、だっただろうし」

海賊って、それはカリブの海賊とか、地球の話……だよな？

「あの、さ。いきなり、だれの話をはじめたんだ？」

投げられた質問に、コスモくんが目をしばたたく。

「え？　超新星くんだよ？　ぼくは個人的に、『すぱのばくん』って呼んでるけど」

ほら、と彼が指さした先に、コスモくんじゃない男の子がいた。

数回まばたきしている間に消えてしまったが、真っ赤なツンツンの頭をした、コスモくんと同じくらいの背丈をしたヘンなやつが、たしかにもうひとり、この部屋にいた。

「今の……は？」

「だから、超新星くんだってば。シャイだからすぐに消えちゃったけど、本当はみんなのことをあれこれ考えてくれているいいやつなんだ」

この部屋は、わけのわからない世界とつながってしまったのか？

「まさか。実体じゃないよ。映像、映像。立体映像のようなものだよ。さすがに本物は呼べないって。危ないし」

危ない……よな。そりゃあ。もしも本当にここに来ていたら、自分はおろか、地球丸ごと一瞬で蒸発しちゃうだろう？

超新星がすごい仕事をしてくれた存在だってことはわかった。でも、そんな超新星をくんづけで呼んで、『すぱのばくん』なんてあだ名で呼んだりもして、映像だけとはいえ、ここに連れて来ちゃうって……。本当は何者なんだ、コスモくんって？

太陽と同じくらいの重さの星は最後にぼくになるのさ。

コンパクトが命

白色矮星くん

White dwarf

その名のとおり、白く輝く小さな星。小さいのに重い高密度天体。恒星は年をとるとしだいに膨張し赤色巨星になる。超新星爆発を起こすほどの質量をもたない星は、赤色巨星の表面のガスが拡散したあとに中心部だけが残る。残ったのが白色矮星。星の最後の姿。

7

ブラックホールになんか…なりたくなんか、なくもない！

爆発して変身

中性子星さん

Neutron star

白色矮星より重い星はさらに小さく縮んで中性子星になる。もっと重いとブラックホールになれたのに……という、ブラックホールに対する憧れとも妬みともとれる複雑な思いにとらわれている（かどうかは不明）。年老いた星の最後の姿というのは白色矮星と同じ。

8

第4章

宇宙はなにでできている?

1 宇宙にあるもの

宇宙には、原子があって、星がある

地球のまわりを月がめぐっていて、地球は月をつれたまま太陽のまわりを公転していて。太陽は数多《あまた》の惑星、小惑星をともなったまま、銀河系を周回していて。銀河系は、まわりにある小さな銀河や、アンドロメダ銀河と小グループをつくっている。

知っている宇宙って、そんなイメージですよね。

そして、恒星や惑星などの星々も、人間をふくめた地上の動植物も、細かく分けていけばさまざまな原子になって。原子は、陽子や中性子や電子などからできていて。陽子や中性子はさらにクォークという素粒子に分解することができる。

そう、教わってきました。

電子顕微鏡の性能が飛躍的に上がったことで、小さすぎて見ることは不可能といわれていた小さな原子も、いまでは見ることができるようになりました。原子よりもさらに小さく、高速で動く電子や、さらに小さいニュートリノなどを直接見ることは叶いませんが、当初は絶対につかまえられないと信じられていたニュートリノでさえ、スーパーカミオカンデなどの施設がつくられたことで観測できるようになりました。

このように、どんなに小さくても、ほかの物質や光と何らかの反応をしてくれる物質は、つかまえて存在を確認することができます。これが身のまわりにある「物質」。通常の物質です。

科学的予想が未知の粒子を予想、そして予想どおりのものが発見される

観測やコンピューターのシミュレーションを通して、なにが世界をつくっているのか詳しくわかってきたのが20世紀。未発見ではあるものの、こんな素粒子が存在するかもしれないという「予測」もされるようになりました。かのニュートリノも、はじめに科学的な予測があって、それがもとで発見された素粒子でしたし、いまデータの検証がおこなわれている「質量をつくる存在」であるとされる「ヒッグス粒子」と思われる粒子も、こうすれば見つかるかもしれないという予想をもとにした実験によって発見されています。

こんな「出来事」に接するたびに、科学の進歩を肌で実感するわけですが、逆に科学が進歩してくれたおかげで、かえってよくわからなくなったこともあります。

計算してみると、「これがこうなるためには、こうなっていなければおかしい。こんな

スーパーカミオカンデは東京大学宇宙線研究所の施設。岐阜県飛騨市神岡町の鉱山内にあって、神岡町が名前の由来だよ。

ものが存在するはず……」といった結果が出てくるのに、その状態をつくりだすはずの「もの」が見つからなかったり、現在の物理学の常識ではありえなかったり——。等々。

目には見えなくて、どんな波長の電磁波でも観測できなくて、それゆえ高性能の宇宙望遠鏡を使ってもまったく視覚としてとらえられない。なのに、たしかに存在している「証拠」だけはいくつも見つかった上に、宇宙の歴史や現在のあり方などを解析していくと、そんな物質が存在することが自然で、逆に存在しないと、この宇宙はおかしなことになってしまう。そんな相手も見つかってしまいました……。

見えないものは信じにくい

幽霊のように、見えないものは存在しないと思えれば楽なのですが、見えなくても存在しているものがどうやら宇宙にはあるようです。そしてそれは別の計算によれば、宇宙が存在をはじめたビッグバン直後から変わらず、しかも大量に(!)存在していたようです。

宇宙を探る科学者は、その見えない物質を「暗黒物質」と命名しました。どんなことをしても見えないし、触ることももちろんできません。それにもかかわらず、質量だけはもっているという奇妙キテレツ、正体不明の物質です。

質量があるということは、まわりに対して引力が働きます。なにかをきっかけにちょっとした集まりができると、そこに引力が生まれて、まわりにある仲間の暗黒物質を引き寄せ、1カ所に固まろうとします。もちろん「万有」引力ですから、集めるのは暗黒物質にかぎりません。原子やほかの素粒子も含めて、私たちの身近な通常の物質をも集めようとします。

先にも少し解説したように、そんな暗黒物質があったから、最初の恒星が宇宙に誕生して、銀河ができたというシミュレーション結果もあります。暗黒物質がなければ、宇宙は今の形にならなかったのは事実なのです。

詳しく調査して計算すると、宇宙には星や星間物質として存在する物質に、宇宙を飛び交《か》うニュートリノなどの素粒子を加えた総量の、実に5〜6倍もの暗黒物質があることがわかりました。

つまり、宇宙の本当の主役は、私たちの体や星々をつくる「通常物質」ではなく、目には見えない控え目な「暗黒物質」のほうだったのです。残念ですが——。

しかしさらに、この暗黒物質だけでは宇宙は成立しないこともすでにわかっています。

物質と暗黒物質があるだけの宇宙では、始めこそビッグバンの勢いで派手に広がっていきますが、やがてその拡張も止まり、自身の重力によって収縮して、最終的には1カ所に集まってぐしゃっとつぶれてしまいます。それに反して、この宇宙は加速的に膨張をして

● 宇宙を構成するもの

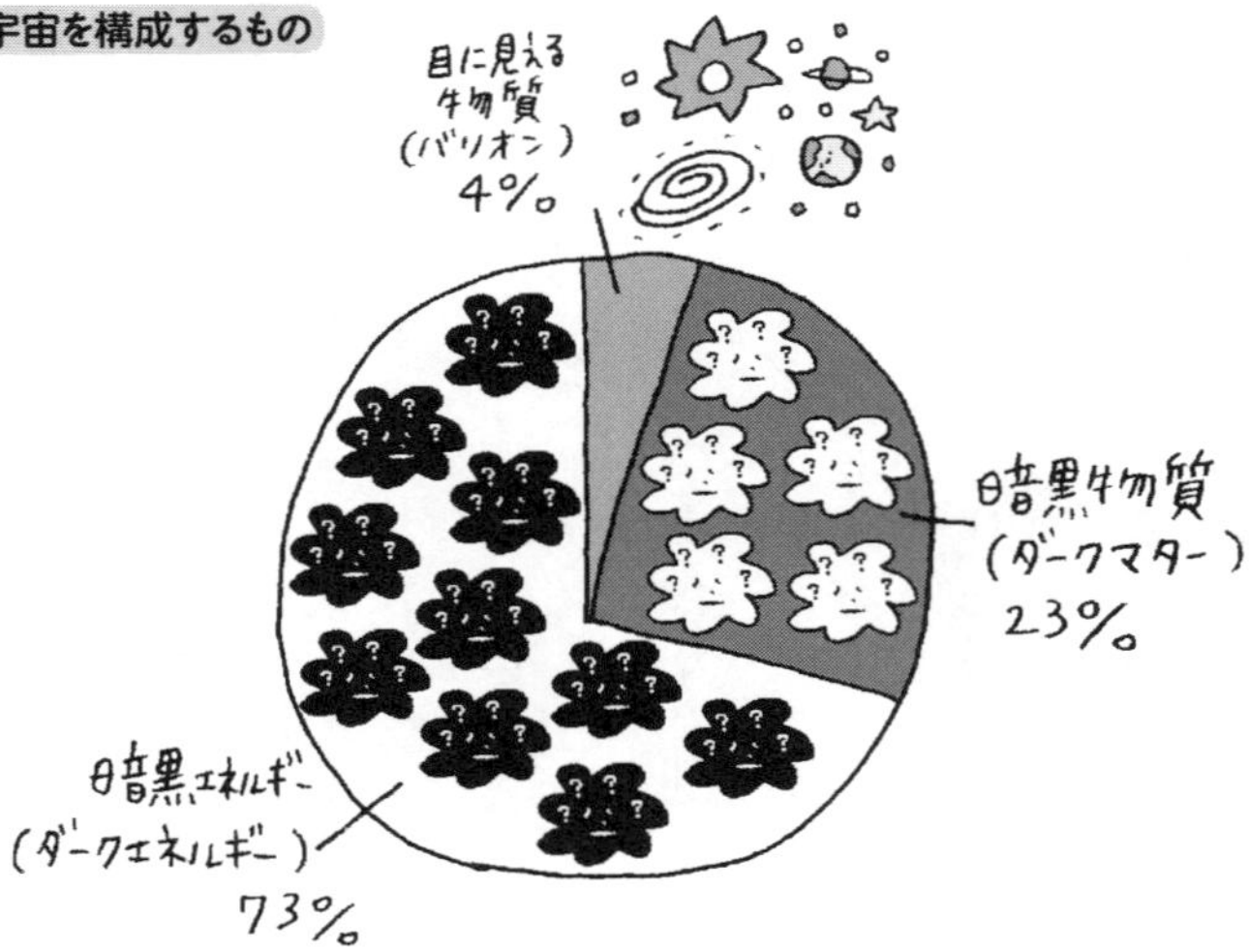

いることがわかっています。

事実は、「物質＋暗黒物質が生み出す宇宙を収縮させようとする力（**重力**）を振り切って宇宙を膨張させている力（**斥力《せきりょく》**）が宇宙にはある」ということを示していました。

この、宇宙を押し広げている存在は、形ある「物質」ではなくエネルギーなのですが、私たちはこれを、「暗黒エネルギー（**ダークエネルギー**）」と呼んでいます。

正体不明のこのエネルギーは、この宇宙の7割以上（**事実上の4分の3**）を占めていることが先の探査によって判明しています。暗黒物質さえ押し退ける、影の主役というところでしょうか。

調べた結果、暗黒エネルギーが72～73

原子核の中にある、陽子や中性子といった3つのクォークが集まってできている粒子を「バリオン」と呼ぶよ。原子の質量の大半を占めている＝通常物質の質量の大半を占めていることから、「通常物質」の代表と見なされているんだ。

パーセント、暗黒物質が23パーセントで、残った4～5パーセントが星や単独の原子などの通常物質でした。

私たちはこの4～5パーセントだけを見て、それが宇宙だと信じてきましたが、真相は大きく異なっていたということです。

物質とエネルギーの関係

宇宙を構成しているものの72～73パーセントは暗黒エネルギーであると説明しました。どうして物質とエネルギーを同じように並べることができるの、と疑問に思う読者の方もいるかもしれません。実は、物質とエネルギーは形態がちがうだけで、同じものであることが確かめられています。

エネルギーから物質を生み出したり、物質をエネルギーに変えることが可能であることを相対性理論を通して示したのはアインシュタインです。そして、質量からエネルギーを生み出す方法は、原子力発電などの現場ですでに実用化されています。ですので、円グラフの100パーセントの枠内に物質とエネルギーが並んでいても矛盾はしないのです。

太陽の光や熱を生み出しているのは、中心部でおこなわれている水素がヘリウムに変わる核融合ですが、核融合の場合、最初にあった水素4個よりも、できあがったヘリウム1

宇宙の温度を示す「宇宙背景放射」（※5章で解説）を詳しく調査する目的で打ち上げられた探査機「WMAP（ダブリューマップ）」によって、暗黒物質、暗黒エネルギーをふくめた宇宙の詳しい構成が確認されたよ。

個のほうがわずかに軽くなっています。減った分の質量がエネルギーに変換されたからです。原子炉内の核分裂でも同じで、核分裂したあとの物質の合計質量は、核分裂の前よりわずかに軽くなっています。そのわずかな質量が放出した膨大なエネルギーをもとに電力を作っているのが原子力発電なのです。

2 暗黒物質が存在する証拠

銀河系は重かった

国立天文台などがおこなった計測から、太陽系と銀河中心との距離や、太陽が銀河系を公転する速度などがあらためてはっきりしました。その結果、銀河系はこれまで思っていたより2割ほど重かったことが判明しました。銀河系には、全体をすっぽり覆うように暗黒物質が存在することが以前からわかっていましたが、存在する暗黒物質は予想していたよりもずっと多かったようです。

暗黒物質は、どんな通常物質とも、光ともやりとりをしません。そのため、直接見るこ

アインシュタインの有名な方程式 $E=mc^2$ は、質量とエネルギーの関係を示しているよ。mが質量、cは光速、Eがエネルギー。質量がエネルギーと同じものであることを示していると同時に、ある重さの物体がどれだけのエネルギーになるのかを示している式でもあるんだ。

● 重力レンズのイメージ

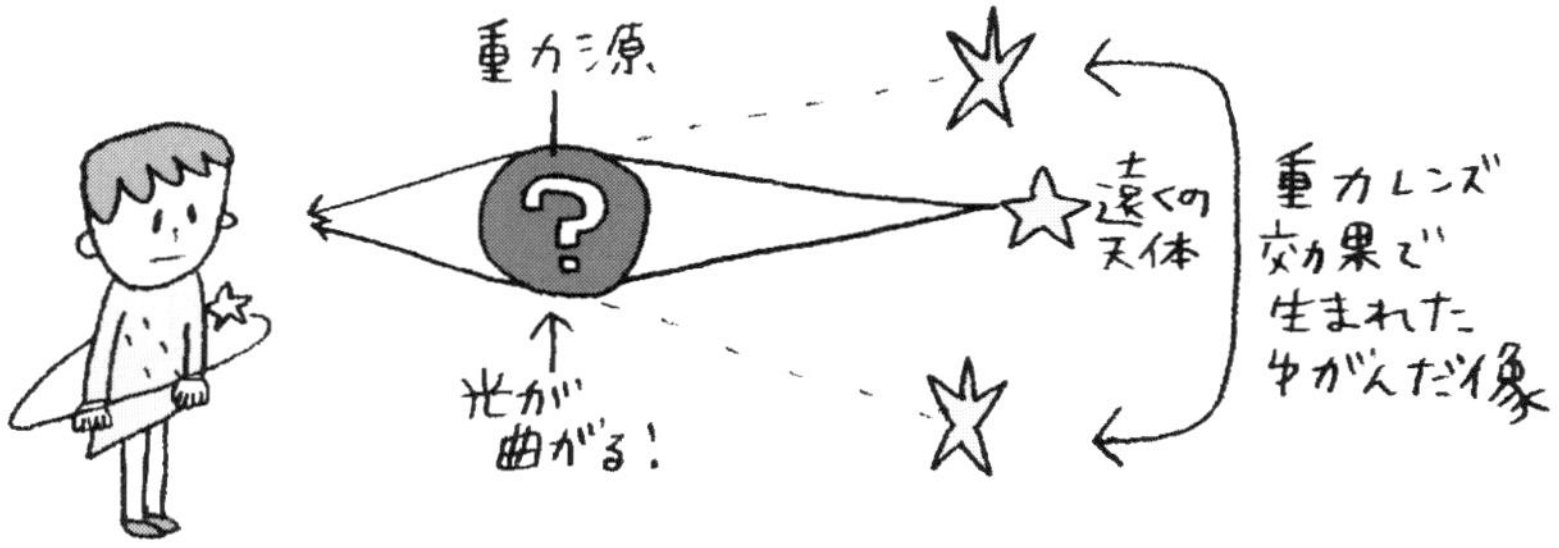
重力源
遠くの天体
重力レンズ効果で生まれたゆがんだ像
光が曲がる！

とはできないのですが、唯一その存在を明らかにしてくれる「重力」によって存在を確かめることが可能です。さらには、暗黒物質がつくる重力の影響を受ける周囲の天体からの「光」を観測することによって、その状態やそこにある量を知ることもできます。

重力レンズで暗黒物質を見る

かつてアインシュタインは、強い重力源は、レンズが光を曲げるのと同じように光を曲げてしまうだろうと予測しました。そしてそんな「重力レンズ」の効果は、日蝕の際に、太陽が背後に隠しているはずの恒星の光が観測できたことなどから、事実と確認されました。今では太陽系外の惑星を探す現場でも、さかんに重力レンズが利用されて大きな成果を上げています。

この重力レンズのよいところは、まとまった質量（＝重力源）がありさえすれば、相手が見えるかどうかは問題にならないところです。つまり、相手が目に見えない暗黒物質だったとしても、先にある恒星や星雲などの光が曲がって、にじんだりずれたりした像をキャッチすることで、その存在がわかるのです。しかも暗黒物質は塊として存在していることが多く、通常物質の何倍も量があることから、重力レンズが機能するほどの大きな重力場をあちこちにつくっています。

重力レンズの影響を正確にとらえ、それを正確に解析できれば、暗黒物質が宇宙のどこにどんな形で存在しているのか「視覚化できる」わけです。

実際に暗黒物質がどのような分布をしているのか、かなり正確にわかるようになってきました。あとは、その正体が解明できるといいのですが、残念ながら、この点についてはまだ、十分な成果をあげるには至っていません。

暗黒物質は、二人羽織の裏方？

私たちの銀河系（天の川銀河）だけでなく、ほかの銀河の中にある星の公転速度が、かなり正確に計測できるようになりました。その結果、どの銀河にも相当量の暗黒物質がある

重力場は、質量をもった物体が周囲に及ぼす重力を「場」として考えたもの。電気や磁気を帯びたものがつくる「電場」や「磁場」と考え方は同じ。

ことが確認できました。

銀河中心からの距離と、その位置にある恒星や星間ガスが公転する速度を調べてグラフ化してみると、私たちの銀河系も、ほかの銀河も、ふつうに星々があるだけでは説明できない回転をしていました。

たとえば、フリスビーやコンパクトディスクなどを回転させると、一枚板である円盤上の点は外側に行くほど速く回ることになります（**159ページ**（**1**）**参照**）。

一方、火星や木星などの惑星は、内側の惑星が3回公転するうちに2回公転するなど、外側にいけばいくほどゆっくりと公転しています。ヨハネス・ケプラーが見つけた惑星の運動に関する法則のうちの、「面積速度一定の法則」（**第2法則**）が示すとおりで、太陽からの距離と速度の関係は、だいたい（**2**）の図のようになります。

星の密度が高く、多くの場合、その中心には強大な重力をもったブラックホールが存在する銀河の中心付近は、回転するにあたって1枚の板のように動きます。その一方で、銀河の中心核から少し離れると、その引力も弱まることから、そこにある星や星間物質は太陽をめぐる惑星のように、ケプラーの法則が適用されるはずでした。つまり、（**3**）のような関係のグラフが描けると考えられていました。

ところが実際に測定すると（**4**）のようなものとなりました。これは、ひとつではなく、複数の銀河の計測から得られたものです。

銀河の中には、恒星や星間物質だけでなく、それを何倍も上回る量の暗黒物質があり、たがいに引き合いながらいっしょに銀河をまわっています。

銀河の腕の先のほうにある恒星たちの速度が落ちないのは、まず第一に、銀河全体が暗黒物質のために重くなっていたためで、さらには、星々が集まっている場所には影のように暗黒物質が寄り添って、いっしょに高速で動いていたためだと考えると、この結果は納得できるものとなります。つまり、適用されるはずだったケプラーの法則を完全に無意味なものにしてしまったものこそ、暗黒物質だと考えられています。

それは、伝統芸能の「二人羽織《ににんばおり》」のイメージでしょうか。スポットが当たる主役は表にいる人物ですが、実際にコントロールしていたのは羽織の中の黒子《くろこ》。裏方と思っていた顔の見えない相手が、本当の指揮者——リーダーだったわけです。

● **距離と回転速度のイメージ**

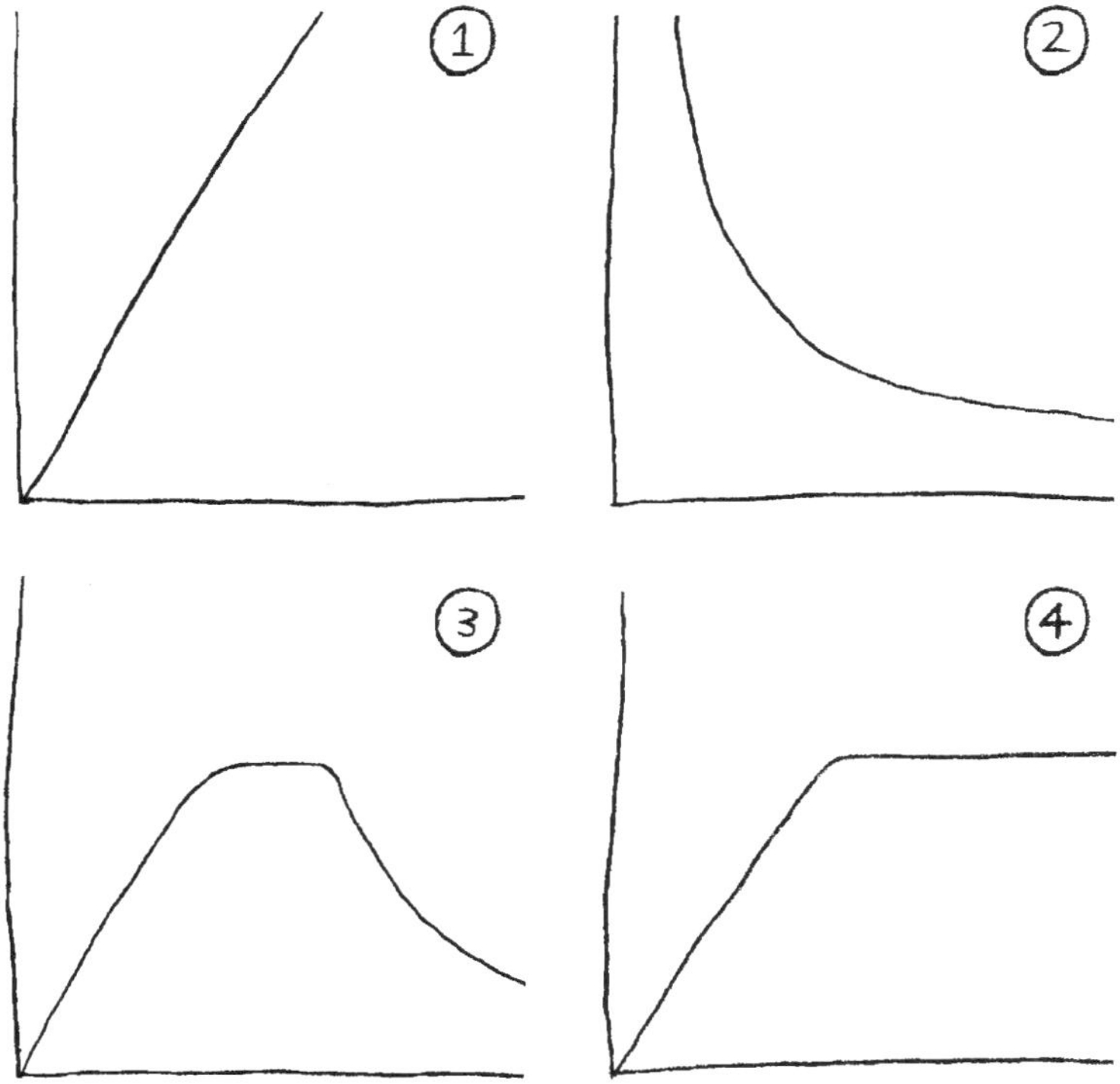

横軸は回転中心からの距離。縦軸は回転する速度。なお、ここに示したグラフは、概略図です。

3 暗黒だけれど、透明？

暗黒物質の性質

「暗黒物質」ということばの響きのせいで、私たちは無意識に「黒い」ものと思いがちですが、この場合は「目には見えない」ということを示していて、つまり「暗黒」は言葉のあやで、仮にその物質を直に目にしたとしても、「黒い」と認識することは実はありません。むしろ、目の前にあっても「見えない」＝「なにもない」と感じられるので、透明と思ってもらったほうがいいかもしれません。

銀河系はもちろん、すべての銀河にはひっそりと、そこにあるすべての星々を覆い尽くすほどの暗黒物質が寄り添っているわけですが、それぞれの銀河を形作る星々はくっきりと見えています。

この見えないという事実をどう理解するか、議論もあるようです。光（光子）があたっても反射も屈折もしなくて、当然こわれたりもしないというのが一般的に考えられている有り様ですが、暗黒物質は通常の次元ではなく、「見えない次元」の中にいるから、見えもしないし、物質と「衝突」したりもしないのだと考える研究者もいます。私たちが暮らすこの宇宙には「縦・横・高さ」の3次元以外に、人間には感知できない次元があって、暗黒物質はそこに存在しているのではないかという考えです。とてもおもしろい考えなので、この点については、このあと少し詳しく解説してみることにしましょう。

暗黒物質の特徴

さて、これまで説明してきたことも合わせて、あらためて暗黒物質の特徴をまとめてみると、次のようになります。

(1) 暗黒物質はどんな物質ともやりとりをしないため、直接見ることができない
(2) ビックバン直後に誕生し、そのまま宇宙に存在し続けている
(3) 寿命は宇宙そのものよりも長いと推察されている
(4) 原子などの通常物質に比べて、その5～6倍もこの宇宙に存在している
(5) 質量をもっている。しかし、仮に素粒子だとしても、1個あたりどれだけの質量があるのかは不明
(6) 暗黒エネルギーと何らかの関係があると思われるが、よくわかっていない

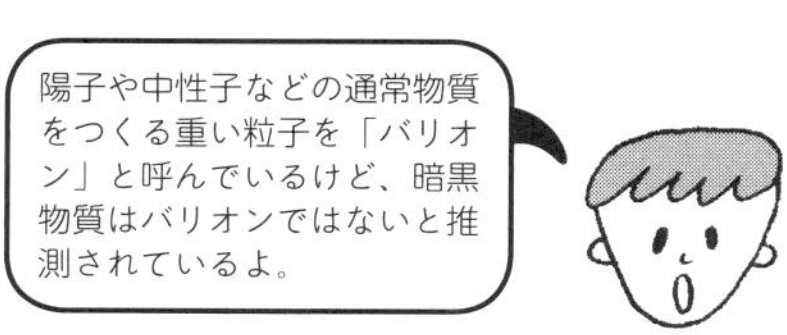
陽子や中性子などの通常物質をつくる重い粒子を「バリオン」と呼んでいるけど、暗黒物質はバリオンではないと推測されているよ。

暗黒物質の存在が最初に指摘されたのは1930年代で、はじめこそ、ブラックホールや冷えた中性子星、白色矮星、褐色矮星なども暗黒物質の候補に挙げられたりもしましたが、これらはあくまで通常の物質からつくられている上、暗黒物質と計測されるものの分量にはとうてい及ばないとして、今は可能性から除外されています。

ただ、暗黒物質と呼ばれているものが、通常物質と大きくかけ離れた存在ではない可能性もゼロではありません。超対称性理論と呼ばれる理論が定義するある素粒子が暗黒物質と呼ばれるものの正体であるなら、暗黒物質どうしは衝突してガンマ線を出して消滅する可能性があり、そのガンマ線を見つけることで、直接的な暗黒物質探しができる可能性も残っています。

なお、暗黒物質には、先に挙げたものの他に大量に集まっても恒星のような星にはならないし、ブラックホールのような天体に成長することもない、という特徴もあります。

宇宙に存在する暗黒物質のマップを見ると、暗黒物質というのは互いに重力で引かれあうものの、高密度に凝縮したりはせず、一定距離までしか近づいたりしないように見えます。もちろん、もともともっている運動エネルギーによって正面衝突することもありえることですが、そんな事態になるのは、実はきわめてまれなことなのかもしれません。

冷たい暗黒物質

現在、暗黒物質の候補として挙げられているのは、WIMPと呼ばれる物質です。英語でwimpといえば、「弱虫」とか「いくじなし」という意味ですが、この粒子のイメージに合うとのことで、そのまま愛称になっています。

WIMPの特徴は、「冷たい」こと。粒子の世界で「熱い」というのは、大きな運動エネルギーをもっていて身軽に動いていることを意味します。かつて、素粒子のニュートリノも暗黒物質の候補として挙げられていたことがありましたが、高速で飛び回るニュートリノは熱い存在であるということから、暗黒物質の候補から外されたという経緯もあります。「冷たい暗黒物質」というのは、運動をエネルギーもあまりもたない、重い粒子ということです。

より具体的には、ニュートラリーノと呼ばれる素粒子がその第1候補なのですが、この素粒子は存在が予言されているもののいまだ未発見であるため、確証には至っていません。

このほか、重さを与えるヒッグス粒子との関係を示唆《しさ》するような報道もありました。どちらも超高温で高いエネルギーをもっていた宇宙の初期に誕生した粒子であることはたしかですが、イコールで結ばれるものではないと考えたほうがよさそうです。

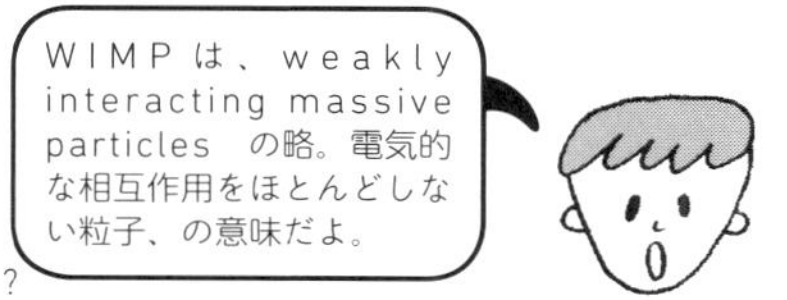
WIMPは、weakly interacting massive particles の略。電気的な相互作用をほとんどしない粒子、の意味だよ。

発見しにくいのは近くに存在しないせい？

暗黒物質の分布を調べるために、南米のチリのグループが太陽系の周囲にある400個の恒星の運動の詳細な調査をおこないましたが、計算してみたところ、運動から得られたのは恒星や星間物質の質量だけで、暗黒物質の質量は計測されませんでした。この結果だけを見ると、暗黒物質は銀河系のこの領域には存在しないことになってしまいます。

本当に存在していないとしたら、ますますそのふるまいと分布がわからなくなります。これまでに得られたより大きなスケールでの計算は、銀河系に大量の暗黒物質があることを明確に示しているからです。

4 ほかにも宇宙がある？

暗黒物質をちがう視点から見る

暗黒物質をちがう視点から見たときに出てくる可能性について、ちょっとだけお話ししておきたいと思います。この部分は、この本の中でいちばん理解するのが大変なところだと思いますので、ななめに読んでいただいても大丈夫。無理に理解しようと思う必要はありません。

なんとなく記憶に残ったことが、近いことを解説している書籍のページにふれたときにふとよみがえり、理解を助けてくれるかもしれません。ある日突然、書かれていた内容を実感として理解できるかもしれません。そのくらいの気持ちで読んでいただければ十分です。

宇宙は10次元？

宇宙は10次元。

いきなりそんなことを言われても、なんのことなのかさっぱりわかりませんよね。

私たちは、「縦と、横と、高さ」のある「3次元」の空間に暮らしています。それに時間という別の要素を加えたものが4次元です。

時間を除いた3次元にもうひとつ次元が加わると4次元になることは、数学的には理解できると思います。

数学では、縦と横と高さを数値で表わすことで、ある点の位置――「座標」を示していました。X（縦）、Y（横）、Z（高さ）という3つの軸を使って表現された世界が3次元の世界です。そして、ここにもうひとつ軸を足して、X、Y、X、Wなど4つの要素で表現したものが4次元です。

つまり、ある場所を特定しようとしたら、それぞれの軸上の4つの点を指定することで特定の場所ができることになります。これが数学的に決められる4次元の座標です。

しかし、それを現実として、感覚的に理解しろと言われても困惑してしまいますよね。でも、大丈夫。わからないことが自然です。どんなに優れた学者でも、3次元のこの世界で生きているかぎり、4次元や5次元の世界を感覚的に理解することなどできません。

超ひも理論

「宇宙は10次元」という解を導き出したのは、この世界に存在するものを細かく分けて

いくと、すべては長さだけあって太さがない「ひも」に分解することができるという「超ひも理論」。クォークも光子も、実はみんな「ひも」でできている、という理論です。

この理論によれば、この世界が9次元の空間に時間という次元を足した「10次元」であるなら、これまでの理論では結びつけることができなかった相対性理論と量子論が結びつけることができて、ほかにもさまざまな事実がうまく説明できるといいます。

この理論が描くひもには、輪ゴムのように「閉じたひも」と、両端が切れた「開いたひも」があって、すべてのひもは振動しています。振動するひもには動かない節が1〜4点ほどあり、それがひもの性質を決めているといいます。たとえば、光の粒子である光子は節がひとつの開いたひもで、まだ未発見の重力を伝える粒子である重力子は2点を節に振動している閉じた環状のひもである、などです。

宇宙を理解するための基盤となる理論といえば、やはり相対性理論ですが、把握できないほどの小さな点にすべてが凝縮されていた宇宙の始まりや、シュバルツシルト半径を超えて縮んでしまった超高密度のブラックホールの内部を理解するためには、それだけでは不足で、量子力学的なアプローチが不可欠です。量子力学と相対性理論を結びつけられる超ひも理論の完成に期待がかかるのは、こうした理由もあります。

詳しく解説するととても長くなってしまうのでここでは省略しますが、そうしたひも理論では、この宇宙には私たちが暮らしている3次元のほかに、同時に6つの次元が存在するとされます。3＋6で9次元ということです。ただし、この6つの次元は「余剰《よじょう》次元《じげん》」として、それぞれがミクロの領域に折り畳まれるか、丸められているかするために、私たちには見ることも把握することもできないと、この理論は主張します。

超ひも理論が示す宇宙像

超ひも理論が導き出したいちばん新しいイメージによれば、私たちが宇宙と認識しているものは、3次元の膜（**ブレーン**）のようなものにたとえられています。この宇宙像では空間の次元がもうひとつ増えて、空間が10次元、時間が1次元で、あわせて11次元になるといいます。ただ、ここで次元がひとつ増えたところで、私たちがそれをイメージできないことは変わらないため、ひとまずここではそれを考えずに話を進めていくことにしましょう。

ひも理論の主役となるひもは、物質を構成する素粒子（たとえば、クォーク）だったり、力を伝える素粒子（たとえば、光子）だったりするわけですが、これらは基本的に有限の長さをもった開いた一本のひもとなります。そして、ブレーンをイメージした宇宙においては、開いたひもはすべて、両端がブレーンと接触していて、そのままの状態でブレーン

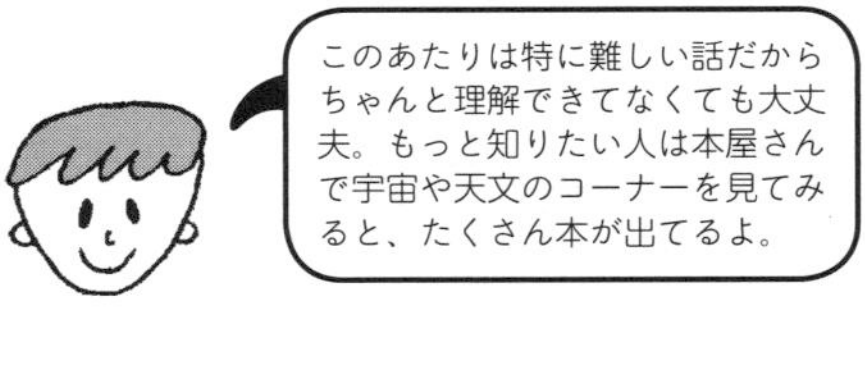
このあたりは特に難しい話だからちゃんと理解できてなくても大丈夫。もっと知りたい人は本屋さんで宇宙や天文のコーナーを見てみると、たくさん本が出てるよ。

を滑るように動く。つまり、ふつうに宇宙を見るような視点でいうなら、そうした素粒子は宇宙につなぎ止められているために、そこから外には出られない、というイメージです。

一方、重力を伝えると考えられている素粒子、重力子は、閉じた輪の形をしているため、ブレーンと常に接触している必要がなく、ブレーンを、つまりはこの宇宙を自由に離れることができるとされます。

当然、私たちには見えもせず認識もできないのですが、ほかのブレーン（つまりこの宇宙ではない宇宙）が私たちのブレーン宇宙に並行するように存在していたとしたら、ブレーンに縛られない重力子の輪は、ひょいととなりのブレーンに移動するかもしれません。それだけでなく、その逆も、ありえるのです。別の言い方をするなら、ほかの宇宙の物質がつくる重力がこの宇宙に影響をしているかもしれず、その場合、「重力だけは存在するのに、姿は見えない」ということもありえることです。

たしかさっきまで、そんな存在のことを説明していたのでしたよね。

宇宙はたくさんある？

超ひも理論をベースに宇宙を考えると、宇宙はこの宇宙のほかにもたくさん存在することができます。無数に存在する宇宙は「多元宇宙《たげんうちゅう》」と呼ばれます。ＳＦの世界では古くから存在するアイデアですが、実際に複数の宇宙が存在する可能性が超ひも理論から浮かび上がってくるのです。

もしかしたら、この宇宙ではない宇宙では、少しずつ素粒子の重さや重力の強さなど、物理法則のパラメーターが変わっているかもしれません（そんな宇宙も存在するかもしれません）。すると宇宙は、ブラックホールだらけになったり、星が誕生しなかったりするなど、異なる進化をして、私たちの宇宙とはまったく異なる様相を示すかもしれません。そんな宇宙が実在する可能性も否定できないのです。

重力は次元や宇宙を越える

電磁力や重力、原子核をくっつけている力など、この世界には「4つの力」が存在していますが、その中で重力だけが特別弱い存在です。電荷をもった2つの物体があって、プラスどうしが反発している場や、プラスとマイナスが引き合おうとする場において、もちろんその場では互いに重力も働くのですが、それは電気的な力に比べると「誤差」として計測できるもののさらに何十桁も小さい、ごくごく微小な力にすぎません。ブラックホールに代表される宇宙での超重力は、質量が大きいために大きく見えているだけなのです。

そんなふうに重力だけがとても小さい力なのは、重力だけがほかの次元やほかの宇宙に流れだしているからではないかと考える研究者もいます。また、暗黒物質が見つからないのは、見えない次元に潜《ひそ》んでいるせいではないかという主張も存在しています。

重力が次元を越えて作用する力であるなら、先にもふれたように、別の宇宙にある重力源が私たちの宇宙に作用している可能性もあります。

多元宇宙の考え方のひとつとして、サンドイッチやだるま落としの胴体部分のように複数の宇宙がわずかな距離をあけて重なっているものもイメージすることができます。接近した上、または下の宇宙に強い重力源があったとして、その影響が私たちの宇宙に現れた（投影された）ものが、暗黒物質ではないのかといった考えもあるのです。

また、宇宙を拡張させていると考えられている暗黒エネルギーが宇宙誕生以来増え続けているとしたら、そしてその供給源となるものが存在するとしたら（供給源が存在しない可能性もあります）、その供給源は私たちの宇宙ではない別の宇宙で、そこからちょっとエネルギーを借りていると考えることもできるわけです。

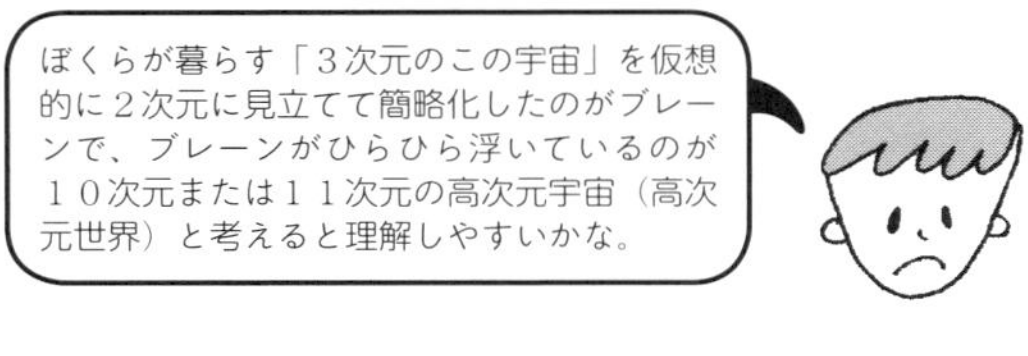
ぼくらが暮らす「３次元のこの宇宙」を仮想的に２次元に見立てて簡略化したのがブレーンで、ブレーンがひらひら浮いているのが１０次元または１１次元の高次元宇宙（高次元世界）と考えると理解しやすいかな。

5

宇宙を広げる暗黒エネルギー

拡張し続けている宇宙

ビッグバンと呼ばれる爆発がどんなに大きな威力をもっていたとしても、宇宙を拡張させる力は、いずれは少しずつ弱まっていきます。いえ、いくはずでした。

ところが、詳細におこなわれた計測によって、現在の宇宙はむしろ加速度的に膨張していることがわかりました。星々や星間物質として存在している物質の何倍もの量の暗黒物質が宇宙にはあり、いずれ自身を収束させてしまうことになる宇宙自身の重力が、これまで考えられていた以上に強いとわかったにもかかわらず、です。

状況を解析すると、宇宙は当初、予想していたように徐々に膨張が弱まる減速的膨張をしていたことがわかりました。しかし、およそ70億年前にそれが加速的膨張に変わり、その状況が今も続いています。何らかの力が働いて、宇宙の未来を変えてしまったのです。

正体がまったくわからない、宇宙を押し広げているこの力の源を、研究者は「暗黒エネルギー」と呼ぶことにしました。

暗黒エネルギーの正体は、現時点でも不明のままです。どれだけ宇宙が広がってもさらなる膨張が止まらないということは、どこかからエネルギーが供給されていると考えるのが筋ですが、その供給源もわかっていません。無尽蔵《むじんぞう》に補給され続けるのか、やがて尽きるのか、それすらわからないのです。

アインシュタインはかつて、ビッグバンの勢いが消えた宇宙が縮小に転じた末、つぶれてしまわないように調整するため、明確な根拠をもたずに宇宙を拡張させる項（**宇宙項**）を自身の方程式に導入しました。最終的に取り消されたのですが、真実は彼の考えに近いところにあったのでした。

そんな暗黒エネルギーが、この際の宇宙の運命を握っています。始まったときと同じような点に戻る「ビッグクランチ」が起こるという結末は、可能性としては低そうですが、何百億年も現状維持でいくのか、それともある時間が経った後に、原子にいたるまで、宇宙にある物質のすべてがバラバラに引き裂かれてしまう「ビッグリップ」が起こって宇宙が終わるのか、宇宙の最終章として綴《つづ》られるエピソードは暗黒エネルギーしだい、ということになります。

暗黒エネルギーの力がもつ意味

最後に少しだけ、暗黒エネルギーという力の働きについて考えてみましょう。

力と力。たとえば、くっつけようとする力と引きはがそうとする力があったとします。それが同じ種類の力なら、お互いに相殺《そうさい》しあって、引き算の結果、強いほうが残ります。暗黒エネルギーが生み出す宇宙を拡大させる力（斥力）と、天体と天体の間に働く引力についても同じことがいえます。

たとえば、地球と月、太陽と地球など、宇宙スケールで見ればきわめて近いところに存在する天体どうしは互いの引力で強く強く結びついています。一方、何十万光年、何百万光年も離れている銀河どうしの間にある引力の絆《きずな》はかなり細いものなので、引き離す力にかんたんに屈してしまいます。つまりこれが、宇宙が膨張している、その状況です。

このまま宇宙が広がり続けていけば、いずれはすべての銀河の遠ざかる速度が光速を超えて観測できなくなり、事実上、宇宙から消え去ってしまいます。暗黒エネルギーが及ぼす力が今より大きくなれば、銀河の星々もバラバラになります。さらには原子さえも、バラバラになってしまうかもしれません。遠い遠い先の話ですが、そんな未来も、可能性として予想されています。

暗黒物質はどこにでもあるんだ

「真実は、目には見えないところにあるんだよ」

テレビでやっていた探偵ドラマ（再放送）の主人公の口調をまねて、コスモくんが言った。すっかり気に入ったようで、昨日から何度も口にしている。

「そして、君も、ぼくの見えない側面に気づかない……」

意味ありげにニヤリと笑ってみせたとき、一瞬、コスモくんの全身が真っ黒になって、顔も手足も見えなくなった。

その瞬間、急に体が重くなって、おもわず片ひざをついた。急加速で昇っていく古いエレベーターの中にいる感じを何十倍にもしたような感覚だった。

部屋の奥で、ザッという音がした。壁に架けていたカレンダーが床に落ちた音だと、見なくてもわかった。

たぶんそれは、1秒も続かなかったと思う。けれど、異常なことが起こっていて、それを引き起こしたのがコスモくんだということはわかった。

「重力……変えたの……か？」

「魔法か……」と言おうとして、出会ったときのことを思い出す。彼は、重力なんか無視するように、急だった落下のスピードを弱めて、目の前でふんわりと止まったじゃないか。ほとんど風も起こすことなく……。物理法則も超えて、そんなことまでコントロールできるのはたしかなんだろう。そして、それはきっと、科学でも魔法でもない。宇宙についてのさまざまな事実を伝えることが自分の使命だと思っているようで、聞けば、どんなことも楽しげに解説してくれる。でも、自分自身については、肝心なことはなにひとつ話していなかった。

でも、これは……。自分のことを話してもいい気になったサインのような気がした。

「わかった？　いま、少しだけ重力が増えたこと？」

「どう？　すごいでしょ？」と、子どもが自慢するときのような響きが声の中にあった。

「そりゃあ、もちろん」

「魔法ありの異世界もののアニメやゲームが世の中に広まってくれたおかげだね。いろんなことが伝えやすくなったよ。半世紀前だったらきっと、ぼくの話もあんまり通じなかったよね」

「それで、なにをやったんだ？」

「見えないのに重力だけは存在する暗黒物質の効果を、ちょっとだけ伝えてみたんだよ」

その力を実感として、強く記憶に留められるようにね。そう、コスモくんは言った。

「暗黒物質は見えていないだけで、地球のまわりにもあるんだよ。そして、暗黒エネルギーは宇宙のすべての場所に存在している」

そのとき、コスモくんのとなりに、真っ黒な姿のコスモくんがもうひとり見えた。そして、反対側のとなりにも、ぼんやりした影のようなものが……。

真っ黒なほうが、言葉もなく、片手を上げて挨拶してくれた。顔はよく見えないが、ニヤリと笑ったことだけはわかった。よく見えないにもかかわらず、その笑顔が、あのしょうもない駄洒落《だじゃれ》を言っているときのコスモくんに似ていた気がした。

それからゆっくり、ふたりはコスモくんに近づき、シルエットが重なって、そのまま消えた。

「宇宙の本当の姿、わかってきた？」

コスモくんが静かに聞いた。

気味が悪いなんていわずに早く見つけてくれよ～

ブラックホール以上に謎だらけ

暗黒物質くん

Dark matter

観測できないが宇宙の２３％を占めるといわれる謎の物質。質量があり重力が生じるため、光を曲げてしまい、その存在がさいきんバレた。姿は見えないけれど足あとだけは残す透明人間をイメージすればわかりやすい？　注目度・人気ともに急上昇中。

9

宇宙の未来をにぎってるのはあたしよ！

真の宇宙の支配者？

暗黒エネルギーさん

Dark energy

宇宙をつくっているものの７３％を占めるのに、暗黒物質同様いまだ正体不明。「見えないけど、そこにたしかにいる！」と聞くとまるで幽霊のようだが、暗黒エネルギーはまさにそんな感じ。どこからやってくるかも不明。宇宙の膨張を加速させるエネルギーといわれている。

10

第5章

宇宙の始まりと終わり

1 宇宙の空が晴れるまで

インフレーションで宇宙がスタート

私たちの宇宙は、無限に小さく、無限の密度をもった量子力学的な「点」（特異点）から始まったと考えられています。それが爆発的膨張（＝インフレーション）を起こし、その果てに大爆発した――。

その爆発が、「ビッグバン」と呼ばれる創世の大爆発です。

すでに常識となっている、宇宙の始まりのビッグバン。しかし、「宇宙に始まりがあった」という考えは、わずか１００年前までは常識ではありませんでした。

宇宙には始まりも終わりもなく、永劫《えいごう》の時間、現在と同じ状態が続く。そんなふうに考えられていて、天文の専門家も、かのアインシュタインでさえ、宇宙に始まりがあることを信じていなかったのです。

しかし、実際には。宇宙は、ある日、突然、その存在を主張し始めました。

どこかに存在していた始まりの「点」が、ある瞬間、10倍、１００倍……といった激しい膨張をはじめ、熱を帯び、大爆発を起こします。インフレーションから始まる宇宙の進化を、細かい整合性を含めて、うまく解説したのが「インフレーション宇宙論」です。

ビッグバンに始まる宇宙の急膨張は、いってみれば「第2のインフレーション」で、その前に無限の密度をもった「特異点」から、宇宙の種——原始の宇宙になるような始まりのインフレーションがあったと考えられています。初期宇宙の超高温も、最初のインフレーションを加味《かみ》することで、よく理解できるのです。

宇宙がビッグバンに至った道すじを整然と示してくれるこの部分は、初期のビッグバン理論では、十分な説明ができていませんでしたが、のちの研究者がこれを補《おぎな》い、より正確に矛盾なく説明する理論として提唱したのが「インフレーション宇宙論」でした。

最初にこの論が説かれた1980年代は、まだ不完全な部分もありましたが、この30年間で磨かれて、宇宙を正確に理解するための標準と認識されるまでになりました。

宇宙の始まりは3段階

このようにして始まった私たちの宇宙ですが、その誕生について理解するには、次のような3段階に分けて考えるとわかりやすいようです。

（1）ビッグバン以前：ビッグバンのきっかけとなったインフレーション期

（2）宇宙の空が晴れるまで：ビッグバンの瞬間から、原子が誕生した38万年後まで
（3）「宇宙の晴れ上がり」から、現在までの137億年間の宇宙のあゆみ
まずは、この宇宙の基礎がつくられた（2）の部分から解説していきましょう。

始まりの大爆発、ビッグバン

「ビッグバン」という言葉が、イギリス人の天文学者にしてＳＦ作家でもあったフレッド・ホイルがラジオ番組の中で発した、「まったくもって、ばかげた考え（**ビッグバン・アイデア**）」という皮肉から定着したのは有名な話です。

ビッグバン理論の提唱者だったジョージ・ガモフは、怒るどころかおもしろがってこの言葉をさらに多用したと歴史は伝えています。そして、ビッグバン理論の正しさが確認されるとともに、イメージが明確に伝わってくる「ビッグバン」という言葉が、宇宙の始まりを示す言葉として、広く世の中に浸透することになりました。

宇宙は現在も膨張を続けています。遠方の銀河ほど高速で遠ざかっているこの拡張は、ビッグバンによって宇宙が爆発した名残《なご》り、ビッグバンが実際にあったことを証明する、揺るがない証拠となっています。

宇宙が大爆発を起こしたのは、ミクロよりさらに小さいきわめて狭い領域にあった宇宙

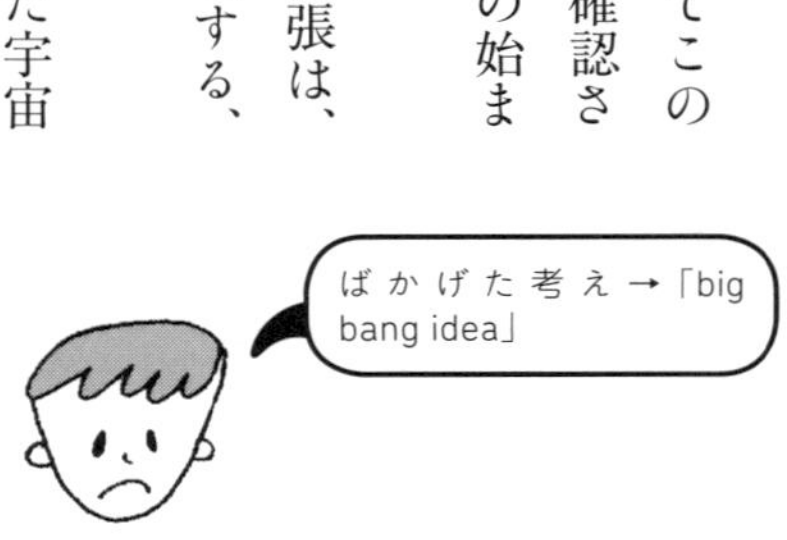

● 宇宙誕生から現在、そして…

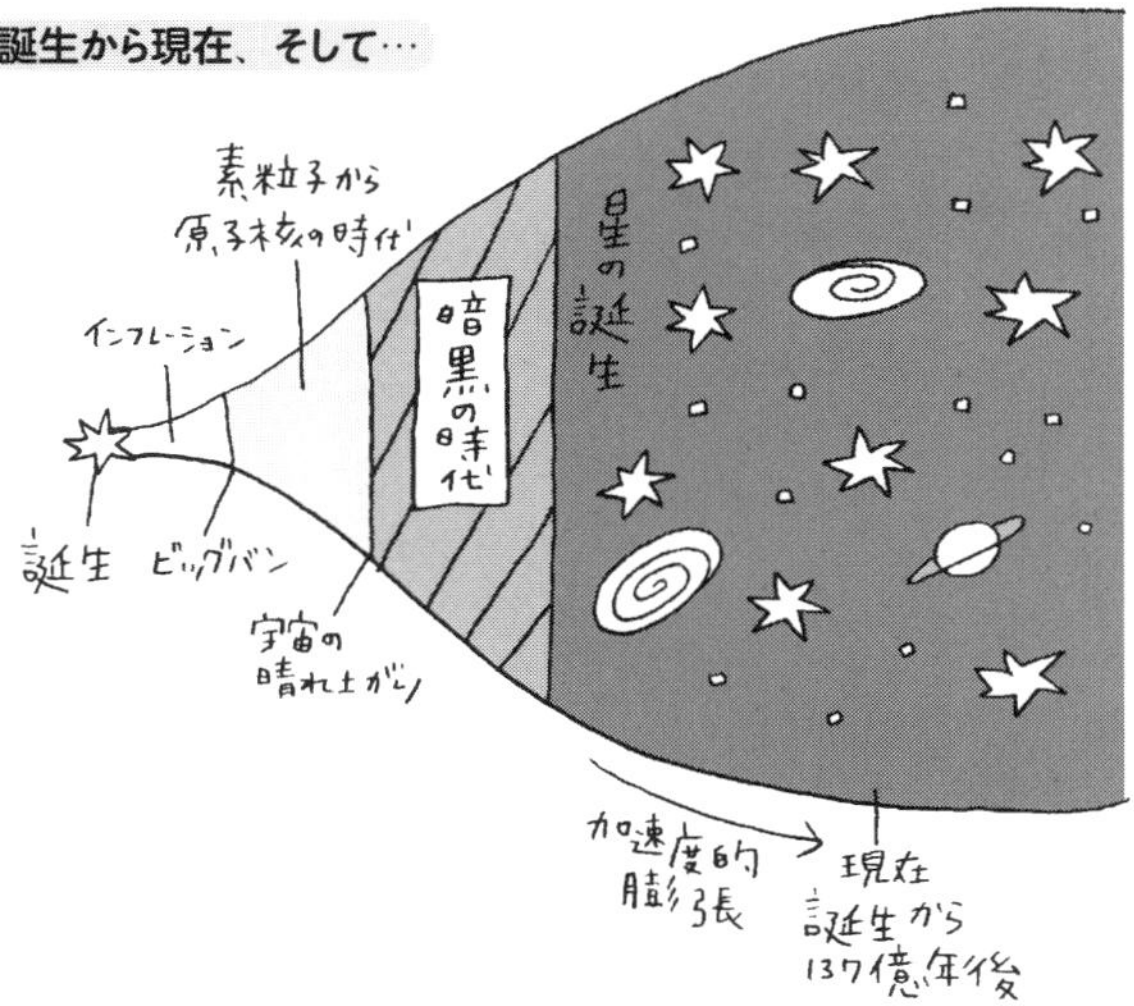
素粒子から原子核の時代
インフレーション
暗黒の時代
星の誕生
誕生
ビッグバン
宇宙の晴れ上がり
加速度的膨張
現在
誕生から137億年後

が、内にあり余るエネルギーを押さえきれなくなって弾けたからです。

「火の玉宇宙」と呼ばれるように、できたばかりの宇宙は1千兆度を13桁も14桁も超えるほどの猛烈な熱さでした。時間の経過とともに、宇宙は広がり、広がった分だけ熱が冷めてきますが、そのときの熱は消えることなく、今も宇宙には残り続けています。

たとえば、ある大きさの箱を、ある温度のもの（たとえば気体）が満たしていたとします。拡張されて箱が大きくなると必然、そこを満たしていたものも広げられ、それがもっていた熱は薄まって下がってきますが、どこまで広げても温度はゼロにはなりません。つまりは、そういうことです。

爆発的膨張によって広がったために熱かった宇宙が現在の温度まで下がったということは、とりもなおさずビッグバンは本当にあった、という証拠（**第2の証拠**）となるのです。

宇宙が高温だったことを示す第3の証拠、ヘリウム

ビッグバン直後の宇宙が冷めていくある時期に、核融合を起こしている太陽の中心なみに熱かったことを証明してくれているのは、宇宙に大量に存在しているヘリウム原子です。宇宙が冷めてきて、クォークが陽子や中性子になったのち、安定した状態を求めた中性子が陽子と結びつき、「陽子＋中性子」のセットが2つくっついて、きわめて安定した状態にあるヘリウム原子核になりました。この時期にヘリウム原子核が合成されていく様子は、コンピュータのシミュレートによっても確認されています。

このようにしてつくられたヘリウム原子核が、より温度が下がった時期に電子を獲得してヘリウム原子となった、という理論に基づいたヘリウムの存在する割合（**シミュレート結果**）が、現在確認できる宇宙の元素の中のヘリウムの割合とぴったり一致したのです。

この宇宙に存在するヘリウムが、恒星内部の核融合でつくられたものだけだとしたら、現在見られるような存在比率にはなりません。それはすなわち、宇宙に存在するヘリウムが恒星内部でつくられたわけではなく、高温だった宇宙の初期につくられていたことを意

味していました。つまり、ビッグバン直後の宇宙は太陽の中心なみに熱くて、そこではヘリウムをつくる核融合と等しいことが起こっていたということがわかりました。こうして、初期の宇宙が熱かったこと、その熱はビッグバンによるものであることが確認されたのです。

宇宙背景放射

現在の宇宙の温度は、宇宙のすべての場所からほぼ均等に発せられているマイクロ波を計測することで確認することができます。電子レンジなどでもおなじみのマイクロ波は、光（電磁波）の一種で、赤外線よりさらに波長の長い光、事実上の電波です。宇宙自体がもっている熱、ということでこのマイクロ波の放射を「宇宙背景放射《うちゅうはいけいほうしゃ》」と呼んでいます。マイクロ波の形で観測することができる宇宙の温度は、絶対温度で２・75K《ケルビン》。ふだん使い慣れている摂氏《せっし》では、マイナス２７０・４度となります。

この温度をもとに計算すると、もともとの温度は約２７００度となります。宇宙が誕生したときの温度とは、だいぶ開きがあるじゃないかと思われる方もいるかもしれません。実はこの温度は、宇宙ができて38万年が経ったときの温度なのです。

高温の宇宙では、素粒子もバラバラな状態にありました。そのため、光さえもまっすぐ

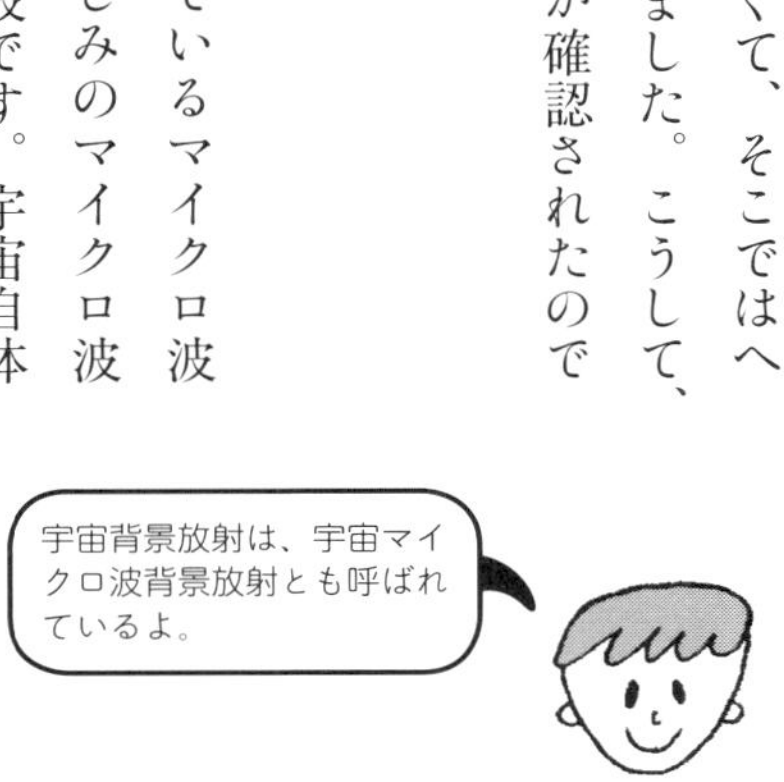
宇宙背景放射は、宇宙マイクロ波背景放射とも呼ばれているよ。

進むことができなかったのです。２７００度以下になってやっと、電子と原子核が結びついて原子ができました。その結果、濃いスープ状だった宇宙に空間らしい空間が生まれて、光が直進できるようになったのです。

この状況を「宇宙の晴れ上がり」と呼んでいます。現在、マイクロ波の形で観測している温度は、宇宙が晴れ上がったこの瞬間の、この温度です。晴れ上がる前は光でさえ直進できない状況で、温度を含め、光がなにかを伝えられる状況ではなかったのです。

ビッグバンから38万年目までの宇宙

ビッグバンから38万年目までの宇宙は、ひと言でいえば、宇宙全体が超高温でドロドロのクォークやグルーオンのスープ（液体）に満たされたような状態だったと考えられています。密度が高すぎる上に、個々の粒子のエネルギーが高すぎるため、どっちに行こうしても、なにかにぶつかってしまって、光速移動が売りの光でさえ、まっすぐ進むことが不可能な状況でした。

その間も宇宙の急膨張は進行していて、それにともなって温度が急激に下がってきます。兆をはるかに超えていた温度が兆になり、億になり、千の単位になると、だんだんそこにある物質のもつエネルギーは減って、動きがおとなしくなっていきます。

バラバラだったものが「結合」して、最終的に、いま宇宙で見られているものと同じ状態に落ち着きます。クォークは互いに結合して、陽子や中性子となりました。そのままだと15分ほどで崩壊してしまう中性子は陽子と結びついてヘリウム原子核となり、いわゆる「プラズマ状態」になりました。そして、より宇宙の温度が下がったときに、電子と結びついた陽子やヘリウム原子核が、水素原子やヘリウム原子となりました。そうした安定した原子ができるまでに、38万年という時間がかかったわけです。

劇的なドラマは、最初の数秒で起こってしまった

ただ、本当に劇的なドラマはごくごく短い時間に起こってしまったようです。

当初は超高温だったために液体だったクォークやグルーオンですが、宇宙の温度が1兆度を下回ると、まとまって陽子や中性子になりはじめます。このとき、宇宙のスタートから、わずかに10万分の1秒。

電磁気力や重力など、宇宙には4つの力が存在しています。もともとそれらはひとつのものでしたが、1万分の1秒以下という、宇宙ができてわずかな時間のうちに分化して、現在の力となったと考えられています。分化がもっとも早かったのは重力で1億分の1秒以下、その後、ほかの力が分化した結果、クォークは陽子や中性子となり、それらは原子

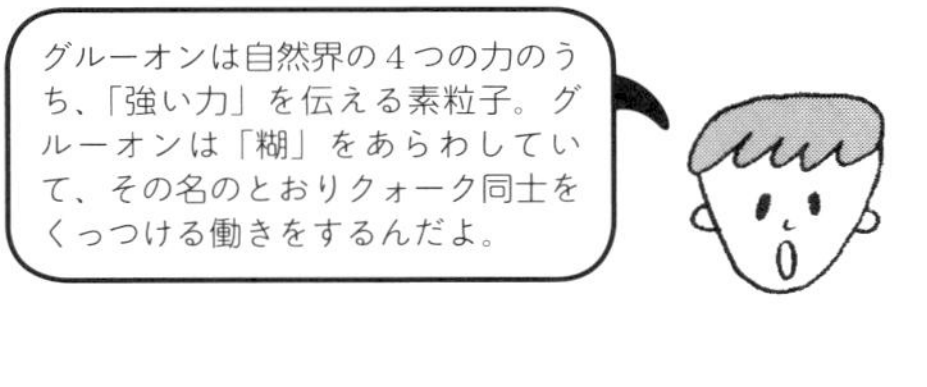
グルーオンは自然界の4つの力のうち、「強い力」を伝える素粒子。グルーオンは「糊」をあらわしていて、その名のとおりクォーク同士をくっつける働きをするんだよ。

核をつくり、最後に電気的な力で電子と結びついて原子となったわけです。

なお、こうして原子がつくられていくのと並行して、暗黒物質の本体である粒子やヒッグス粒子もつくられていったと考えられています。だからこそ、宇宙が始まったときの状態を再現することで、これらの粒子を見つけ出そうという努力が続けられているのです。

2 ビッグバンは本当の始まり？

ビッグバンが起こった理由

まだ宇宙とは呼べない「種」の初期宇宙で、急激なインフレーションが起こったことはまちがいありません。それには何らかの理由、きっかけがあるはずですが、私たちはまだそのきっかけや理由を見つけ出せてはいません。

私たちが暮らしている世界のスケールが通用しない、その当時のごくごく微小な宇宙は「量子宇宙」と呼ばれています。特異点だったとも考えられているその宇宙の種がどんなものだったのか、インフレーション宇宙論をもってしても未知。この時期に起こったイン

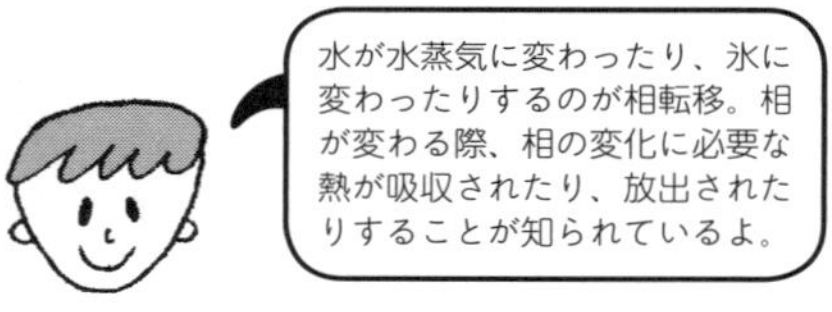

水が水蒸気に変わったり、氷に変わったりするのが相転移。相が変わる際、相の変化に必要な熱が吸収されたり、放出されたりすることが知られているよ。

フレーションと、現在、宇宙を拡張させている力である暗黒エネルギーの間には何らかの関係があるのではないかと考える研究者もいますが、この点についても、はっきりしたことはなにもわかっていないというのが現状です。

ビッグバンの前に起きたこと

量子宇宙と呼ばれる宇宙の種は、何桁もサイズを変えるようなインフレーションを起こしていましたが、ある瞬間、何らかの理由によって、それが止まってしまう（止められてしまう？）ことになります。すると、もっと膨張したいのにそれができなくなった、エネルギーでパンパンに満ちあふれた宇宙が、内で暴れるエネルギーを押さえきれなくなって自身のカラを突き破るように爆発した。これが、ビッグバンであり、ビッグバン以前に起きたことのイメージです。

ビッグバン直前の状態について、インフレを止められたこと（＝**宇宙の相が変わったこと**）で潜熱《せんねつ》が生まれ、それによって宇宙内部がヒートアップしたと表現されることもあります。熱が上がった状態というのは、内部の運動エネルギーが大きくなったことに等しく、それが大爆発のエネルギーになったと考えるとわかりやすいでしょうか。

宇宙がインフレーションを起こしていた時間は、1秒を10分の1にして、さらに10分の

一瞬は、文字どおり１回瞬きをする間、というのが語源。

1にして……ということを39回も繰り返したほどの、一瞬とさえ呼べないほどの、短い期間でした。そんな短い時間に起きた事件が、その後130億年以上も続き、この先も何百億年か続くであろう宇宙を作ったという事実は、噛みしめれば噛みしめるほど驚きを届けてくれます。

3 宇宙の未来は？

宇宙は最初からこの形であり、変化しないと考えられていた

今から100年前、80年前には、「宇宙に始まりがある」ということを信じない研究者も数多くいました。科学者としての矜持《きょうじ》から、宇宙に始まりがあることを、神話的、宗教的と考えて嫌っていた人間もいたようです。

相対性理論を完成させたアインシュタインでさえ、宇宙がダイナミックに始まったこと、ダイナミックに終わるかもしれないことは受け入れがたいことでした。自身が考えた相対性理論を解いた結果、起こることとして数学的に証明されても、常識としてもっていた価

値観に合わないからと受け入れることを拒否した、という逸話も残っています。

そもそも、このままならば最終的に自身の重力によってつぶれてしまうという結果が出た宇宙の未来を変えるために、その当時としては十分な根拠を与えないままに、宇宙を押し広げる宇宙定数（λ：**ラムダ**）というアイデアを考え出したのはアインシュタイン本人でした。しかし、自分の出した答えを自身で受け入れることができず、最終的に「宇宙定数の導入は人生最大の誤りだった」と言ってこれを破棄してしまった話は今に語り継がれる有名な話です。

しかし、その後、ハッブルによって宇宙は膨張していることが確認され、さらに遠い天体ほど高速で遠ざかっている事実が複数の証拠から導き出されて、宇宙の膨張率を示す「ハッブル定数」も世界の天文学者の認知するところとなりました。

細かい理論の整合性などは置いておいても、宇宙定数の導入というアインシュタインの直感は、実は正しかったことが今では証明されています。宇宙全体に働く重力を排斥《はいせき》するようにして宇宙を押し広げている力は今、「暗黒エネルギー（**ダークエネルギー**）」と呼ばれています。

つぶれるのか、広がり続けるのか

ビッグバンから今日に至るまでのことはかなりよくわかってきて、そこで起こったことは科学的な事実として共通認識されるようになってきました。そうした事実がよくわかっていなかったころは、宇宙のでき方や行く末について、自由な発想でさまざまなイメージが展開されてきましたが、科学が多くのことを証明してくれたおかげで、議論できる幅が狭まったというのが現況です。

これから宇宙がどうなるのか。終わりはあるのか。あるとしたら、どうやって終わるのか。そして、それはいつなのか。判明している事実をもとに、今も未来の予想はおこなわれていますが、現在のシミュレーションは、たしかなことと認められた事実をもとに展開されるために突拍子もない未来予想が出るようなことはほとんどなくなってしまいました。少しだけ残念な気もしますが、「科学的」な精度が高まったという点では歓迎すべきことなのでしょう。

膨張から収縮に転じた宇宙が、最終的につぶれて一点に収束して終わってしまう「ビッグクランチ」は、今のままなら起きないでしょう。でも、絶対に起こらない、と断言することもできません。

宇宙の膨張ははじめは減速的でした。つまり、いつかは膨張がストップして、反転し、収縮をはじめるはずでした。ところが、観測の解析が正しければ、宇宙が生まれてから70億年が過ぎたころに宇宙の膨張が減速的なものから加速的なものに変わっています。この逆のことが将来、絶対に起こらないとはいえないからです。

そもそも、この宇宙を膨張させている力である暗黒エネルギーの正体もまったくわかっていません。そのエネルギーがどこからどうやって供給されているのかも不明のままです。供給源が枯渇《こかつ》することはあるのか、逆に壊れた蛇口のようにさらに増えて、暴走するように宇宙が膨張してしまうことはないのか？　なにひとつ断言はできないのです。

ですので、依然として宇宙には、

（1）ふたたび収縮してつぶれてしまう
（2）膨張はゆっくり止まって、膨張も収縮もしない安定状態になる
（3）膨張は止まらず、さらに加速的に膨張する

といった未来像が存在することになります。

現状、起こりうるとしても（2）の可能性はかなり低いと考えるべきでしょう。（1）も同様です。

問題は（3）のケースで、暴走気味に膨張を続けた場合、いずれは原子もその形を留め

ることができなくなり、バラバラになって、なにもない宇宙が取り残され、弾けて終わるという「ビッグリップ」も予想としてはありえることです。そうでない場合も、最終的にはすべての銀河が観測可能な宇宙からは消え去って、やがて寂しい星空になってしまうかもしれません。

サイクリック宇宙論

最後にもうひとつだけ、奇妙な宇宙の進化論を解説してみましょう。それは、宇宙が何度も生まれてはつぶれ、また生まれるを繰り返しているという宇宙論です。一定のサイクルで繰り返すということから、「サイクリック宇宙論」と呼ばれています。

ビッグバンで誕生した宇宙は、やがて膨張がストップ。反転して収束しはじめ、最後にはつぶれて（**ビッグクランチを起こして**）、ふたたび原始の量子宇宙に戻ります。しかし、その状態に戻ると、ふたたび膨張する力が働くようになり、やがてまたビッグバンを起こして宇宙が誕生します。それが何度も繰り返されていくというのがサイクリック宇宙論です。そんな宇宙は、生まれるたびに大きくなり、寿命も延びていくとされます。

ポイントは、つぶれた宇宙が「無」にはならない、という点です。無限に小さく、無限の密度をもった特異点に戻り、そこでふたたび拡張をはじめる力を得るところにあります。

● 宇宙はこれからどうなるのか？

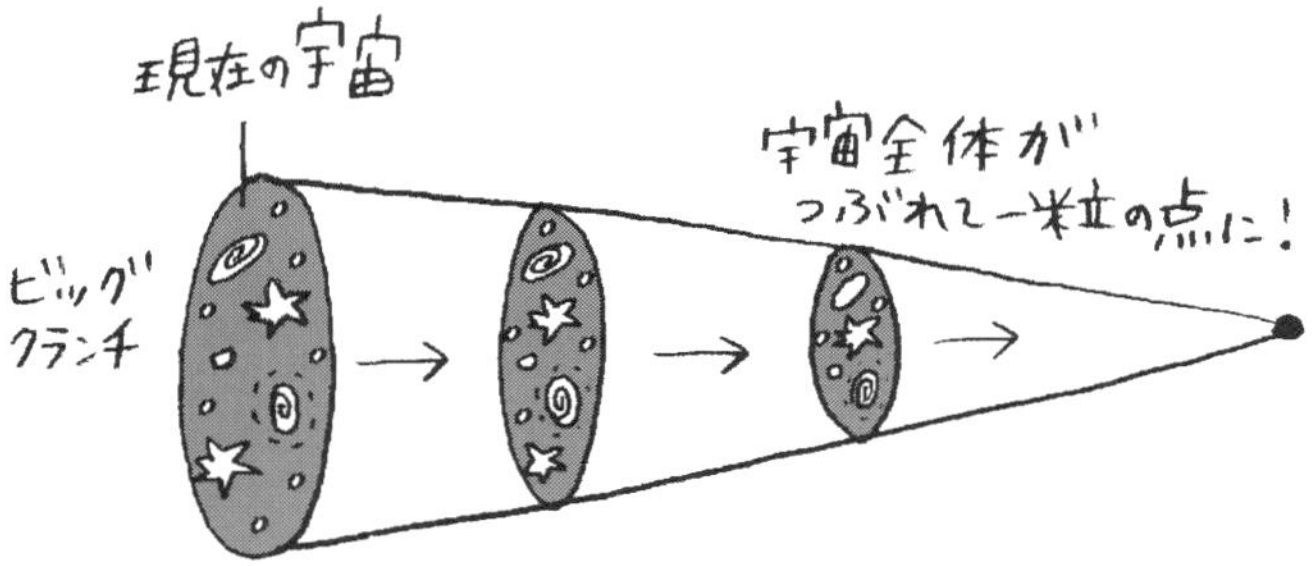
現在の宇宙
宇宙全体が
つぶれて一粒の点に！
ビッグクランチ

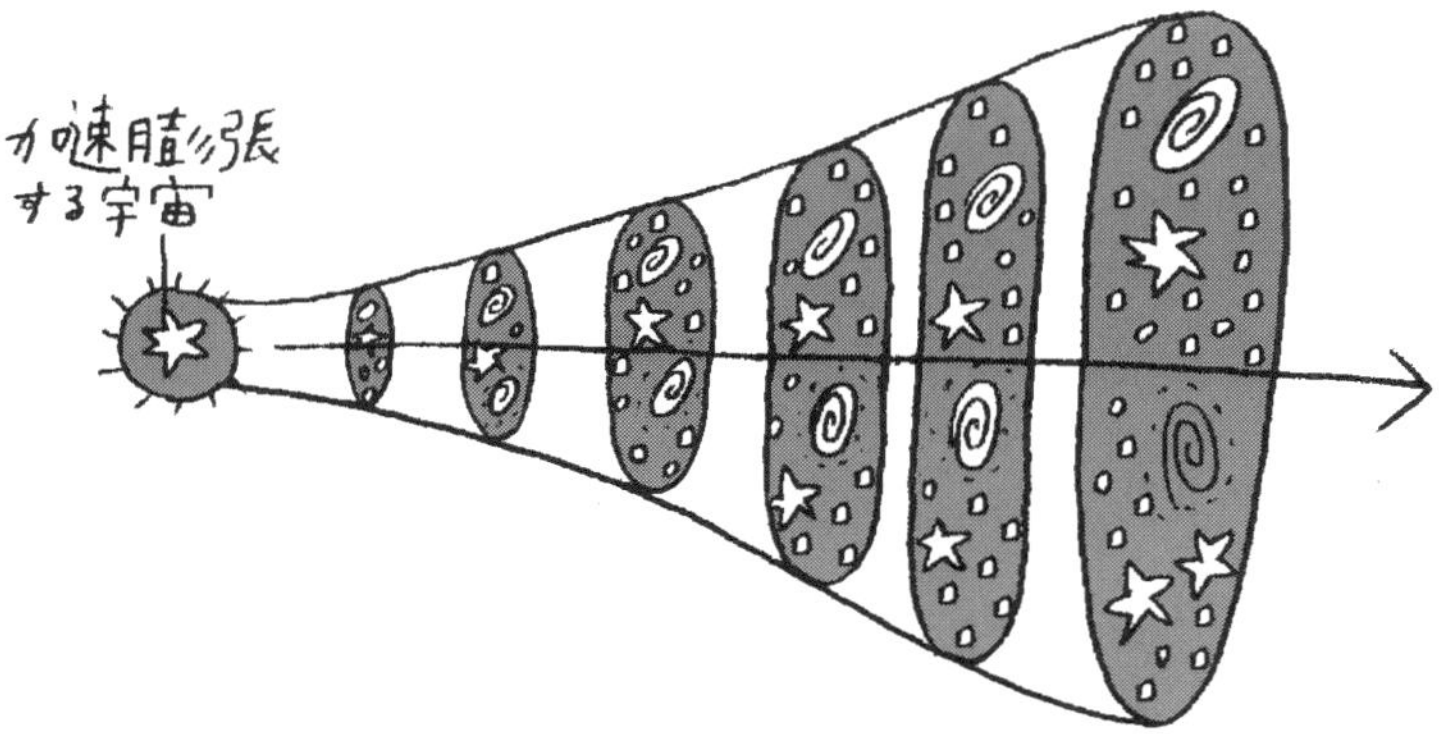
加速膨張
する宇宙

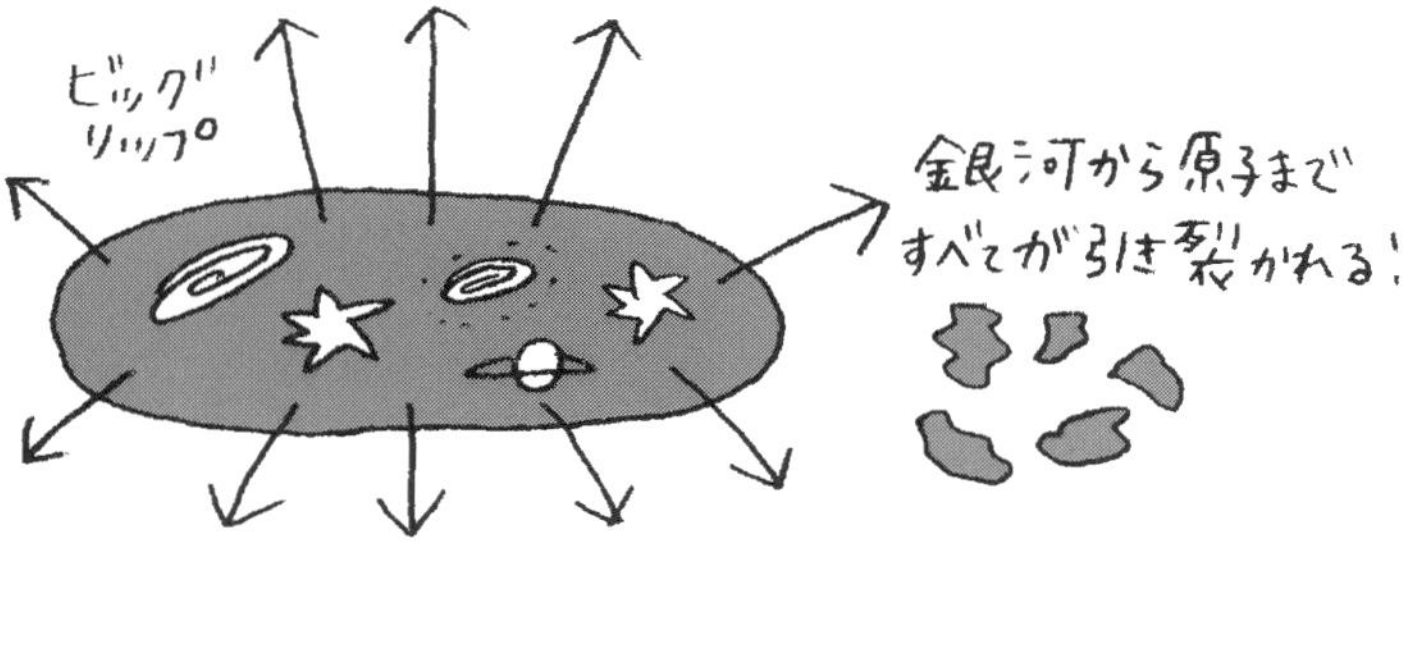
ビッグリップ
銀河から原子まで
すべてが引き裂かれる！

ある計算によれば、現在の宇宙は最初の宇宙から数えて、約50番目に生まれたものだとか。私たち日本人としては、宇宙の転生というこのイメージに、どこか仏教的なものも感じてしまいますよね。

サイクリック宇宙論はかなり古くから提唱されてきたものですが、超ひも理論が形をもちはじめたあと、この理論が導き出すひとつの形として、あらためて世に問われました。

超ひも理論の整備、完成に向けた動きに並行して今後も、サイクリック宇宙論はブラッシュアップされていく予定です。ただ、超ひも理論自体がまだ未完成ということもあり、サイクリックする宇宙、というものについての世の中の認識としては、今のところ、とりあえずそういう可能性もあるかもしれない、というところに留まっているようです。

4 宇宙の果てはどこにある

遠い銀河は、観測された位置より遠くに

光を使って見ることのできる宇宙は、誕生してから38万年目以降の、「宇宙の晴れ上がり」以降ということになります。ただし、光が直進できるようになった直後の宇宙には、まだ光を放つ恒星がありません。もちろん恒星が集まった銀河もありません。観測目標がないので、この時期を望遠鏡などで観察するのは困難です。背景放射の観測から、そこにあったごくごくわずかな密度の「ムラ」を知ることができるのみです。

現在観測されている最古の銀河は133億年前のもので、恒星が生まれてからおよそ1億年後の星々の集団です。

この133億光年先の銀河の光は、文字どおり133億年かかって地球に届いたものです。そして、宇宙は膨張していて、最遠の銀河ほど高速で遠ざかっています。1万光年、10万光年という距離にある比較的近い星や銀河はだいたいその位置にありますが、光でさえ何億光年もかかるような遠方の銀河は、すでにその位置にはありません。たとえば、こ

の133億光年先に観測された銀河は、現在は400億光年以上先に行ってしまっています。

宇宙の拡張速度をもとに計算した、宇宙が晴れた瞬間の宇宙、137億年前の宇宙の現在の位置は、465億光年先にあります。これが、観測できる宇宙の限界となります。

実際に宇宙がどこまで広がっているのかはわかりませんが、いずれにしても私たちは、観測できる範囲としか向き合うことができないため、「観測可能な宇宙」を見て、そこで「宇宙」のことを考えていかなくてはならないということです。

もしも宇宙が200億年も300億年も前に誕生していたとしたら、1千億光年先まで観測可能な宇宙が広がるのでしょうか？　残念ながら、答えは「否《いな》」です。

宇宙はこの瞬間も広がり続けていて、遠方ほど高速で遠ざかっています。ある距離の銀河が光速をわずかに下回っていたとします。その先に、ほんのわずかだけ速く遠ざかっている銀河があったとします。この銀河の遠ざかる速度が地球から見て光速を超えていたとしたら、その銀河はもう観測することができません。見えなくなってしまうからです。

つまり、いずれにしても、宇宙が見える範囲は限定されているということになります。そして、もしもこの先、宇宙の膨張速度が上がっていったとしたら、観測可能な宇宙はもっと狭まってくることになります。

5 宇宙の果ての先の先

ほかの宇宙の可能性

異世界というと、ファンタジーな小説などが描く世界というイメージもありますが、超ひも理論をもとにしたひとつの宇宙像では、10または11次元の宇宙大枠の中に、3次元の膜（**ブレーン**）としての私たちの住む宇宙が存在することになり、その同じ大枠の中に別のブレーンがいくつも存在している可能性も指摘されます。

別のブレーンは、私たちからすれば異宇宙、異世界ということになります。

目には見えない次元で隔《へだ》てられているため存在を認知することはできませんが、超ひも理論が導き出すように重力が次元を超えて届く力だとしたら、目には見えず重力だけが存在する場所をたよりに、隣接する異宇宙を発見する日がくるかもしれません。それどころか、暗黒物質の正体を追求する過程で、異なる宇宙を見つけてしまうかもしれません。

宇宙が有限でも無限でも、高次元から見れば、ひとつの閉じた宇宙？

ビッグバン後の宇宙を風船の表面にたとえると、いくつかのことがとてもわかりやすくなるので、いくらでも大きくふくらませることのできる風船になぞらえて説明してみましょう。まずわかることは、時間とともに際限なく広がっていくとしても、そこは「有限」であるということ。これはイメージしやすいですよね。

そして、風船の表面をある方向に向かってまっすぐ進んでいくと、ぐるりとひと回りして、もとの場所に戻ってしまうということ。つまり、果てはありません。私たちが住む3次元の宇宙を2次元に置き換えるとそんなイメージになります。もしも宇宙がここで挙げたような有限のものであるなら、宇宙のどの方向に進もうと、ひと回りして同じ場所に戻ってしまう。そんなイメージです。

先に解説した「観測可能な宇宙」はこの風船の上に、ある大きさの円を描いたイメージです。観測できる範囲は限られていますが、その外側にも宇宙は広がっています。

一方、宇宙がもしも「無限」であるなら、どれだけ進んでも、同じ場所に戻ることはありません。ただし、宇宙が有限でも無限でも「観測可能な宇宙」は変わらず、同じ領域となります。これは想像するしかなく、想像自体もなかなかうまくはできないのですが、より高次の次元世界から見れば、宇宙が有限であっても無限であっても、あまり変わりばえしないように見えている……かもしれません。

3次元の模は1枚の大きな紙のイメージ。そこから飛び出すと、別の宇宙が浮かんでいる？

小さな宇宙・大きな宇宙

「宇宙の始まりを頭で思い描くのって、けっこう難しいな……」

そう、コスモくんに話しかけて、凍った。

となりの部屋で、赤、青、緑の珠《たま》で、お手玉をしていたからだ。

こんなカラフルな珠、この部屋にはなかったはず。また、どこからか取り出したらしい。

「あの……さ。なにをしてるか、聞いてもいいか？」

「えー？　日本の伝統的な遊びでしょ？　お手玉って」

「そりゃあ、そうだけど……。それで、その色とりどりの珠はなんだ？」

「クォーク、かな」

「はい……？　そんなもの、見えるわけないだろ？」

「やだな。冗談だよ、冗談。宇宙の始まりをイメージとして理解するには、厳密なスケールにこだわりすぎない柔軟性が必要でしょ？　どうやったらその手助けできるかなと思って出したんだけど」

どこまでが冗談なのかわからない。絶対にそんなことはありえないと思いつつ、もしかしたら本物かも、と頭のどこかが語っていた。でも、ひも理論によれば、クォークだって丸い素粒子じゃなく、ひもに見えるはずで……。

その瞬間、コスモくんの手の中で細い鉄棒を上下に振ったときに見える振動っぽい動きをする細長い物体が見えた。

「はい？」

目をしばたたいた瞬間に、それはまた空気の中に消えてしまったのだが……。

「いまでこそ宇宙はこんなに大きいけど、始まったときは原子1個より小さかった。それって、とっても不思議だよね」とコスモくんは言った。

「急激なインフレーションなんて、どうしてそんなことが起きるのかわからない」

「お前にも、わからないのか？」

「うん」と、真剣な表情でうなずくコスモくん。

「ところで、さ。本当は宇宙はひとつじゃないんだ。ほんのちょっとずつ設定のちがうものが、ここからは見えないところに、同時にたくさんできた。中にはもう消えてしまったものもあるし、永遠に続くものもある。この宇宙が今のような形になったのは、本当にたまたまで、ほんの偶然だったたって言ったら、信じる？」

銀河は形も大きさもいろいろあって、銀河系は渦巻き銀河に属すよ。

星たちの集団

銀河くん

Galaxy

宇宙の中にある、星の大きな集団が銀河。アンドロメダ銀河などのように、きれいな渦巻きが見えるものも多い。ときどきぶつかってひとつになることも。われわれの太陽系が属する銀河は、銀河系や天の川銀河と呼ばれている。隣のアンドロメダ銀河と、いずれは衝突する運命？

11

太陽系突破の偉業を成し遂げる日も近いよ！

宇宙の旅人

ボイジャー１号

Voyager1

人類の夢を乗せてボイジャー２号とともに１９７７年に打ち上げられた惑星探査機。まだそれほど高度な望遠鏡などがなかった時代に、知られざる惑星の姿を多数カメラにおさめ地球に届けた。現在も現役で太陽系の最果てを飛行中。がんばれ！

12

第6章

感じる宇宙：重力

1 空間に働く重力の力

物体と物体の間に働く万有引力

質量をもった2つの物体の間には、互いに引き合う力が働きます。これが万有引力です。宇宙には、大小さまざまな天体や、原子、分子、プラズマ、より微細な素粒子が存在しています。そして、質量によって生じる力に大小はありますが、すべての物体が互いに引力を及ぼしあって引き合っています。それが、宇宙のひとつの姿でもあります。

万有引力と重力は、「力」という意味では同じものとして扱われることも多いのですが、言葉の使われ方は少しちがっています。そのちがいを、先に簡単に解説しておきましょう。

惑星など、支配的に大きな物体（天体）がその表面にある（いる）小さな物体に及ぼす力は、「重力」と表現されます。たとえば地球がその表面で暮らす人間や動物に対して及ぼしている引力は「地球の重力」といったような使われ方をします。アニメなどでは、「地球の重力に魂を引かれた人々」などのアレンジ的な表現も、ときおり登場しますよね。

その一方で、「月や太陽の引力がつくる潮汐《ちょうせき》力が大潮の原因となって……」など、離れた天体が引っぱる力を「引力」と表現することもありますし、「太陽の強大な重力によって軌道が……」など、重力という表現が使われることもあります。いずれにしても、どちらも2つの物体の間に働く力であること、その本質は変わりません。

重力の働き

地球の表面に暮らす私たちは、地球が生み出す重力のもとで生活をしています。まっすぐ上に放り投げたボールは、重力に引かれてやがて落ちてきます。水が低いほうに流れるのも重力の作用です。重力を感じない宇宙から地球に戻ってきた宇宙飛行士が体が重く感じるのも、もちろん地球の重力のしわざです。

ふだんはあまり自覚しませんが、生まれてから死ぬまで、私たちはずっと地球の重力を全身で感じながら暮らしています。もちろん脳も、地球の重力のもとで動くことを前提に、体に（筋肉に）命令を出しています。空を飛ぶものも海の中をゆくものも、地中に生きるものも、すべての生物が同じです。

このように、世界に存在する力の中でもっとも身近なものといえる重力ですが、その一方で、どうやって伝わっているのかなど、よくわかっていない相手でもあります。

２０１１年～12年にかけて、物質に質量を与える存在であるとされるヒッグス粒子と推測される素粒子が見つかりはしましたが、その素性もまだまだ未知。追加の実験や検証も必要で、はっきりした結果が出るまで、私たちはもうしばらく待たなくてはなりません。

重力を伝えると考えられている素粒子「重力子《じゅうりょくし》」も未発見ですし、波として空間を伝わるはずの「重力波」も未確認のままです。宇宙を知ることを通して、重力についても少しずつわかってくるとは思いますが、近くて遠い力、「重力」のことが本格的に解明されるのは、まだしばらく先になりそうです。

質量は空間をゆがめる

とはいえ、おぼろげながら、見えてきたこと、わかってきたこともあります。

ひとつは、重力を生み出すもとである「質量」は空間をゆがめて、そこにくぼみをつくるということ。たとえば、柔らかいマットレスの上にこぶし大の鉄球や、より大きなボーリングの球を置いたなら、重さの分だけ沈みますよね。また、もとの大きさや重さによってくぼむ範囲や深さが変わってくることも、視覚的にわかります。

これが、宇宙にある大きな質量、惑星や恒星が生み出す重力のイメージです。

おもちゃの自動車などをそのマットレスの上に置いてみたとします、くぼみの影響のない場所なら自動車は動きませんが、少しでも床面が傾いている場所なら、自動車はくぼみ

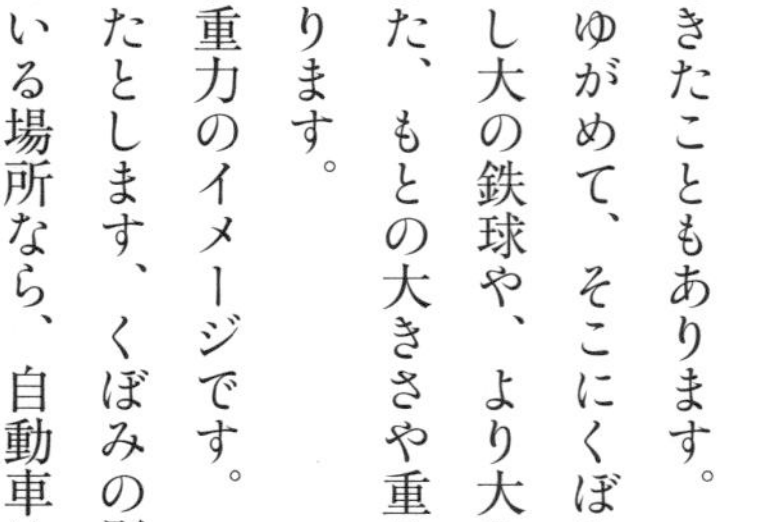

● 空間のひずみ

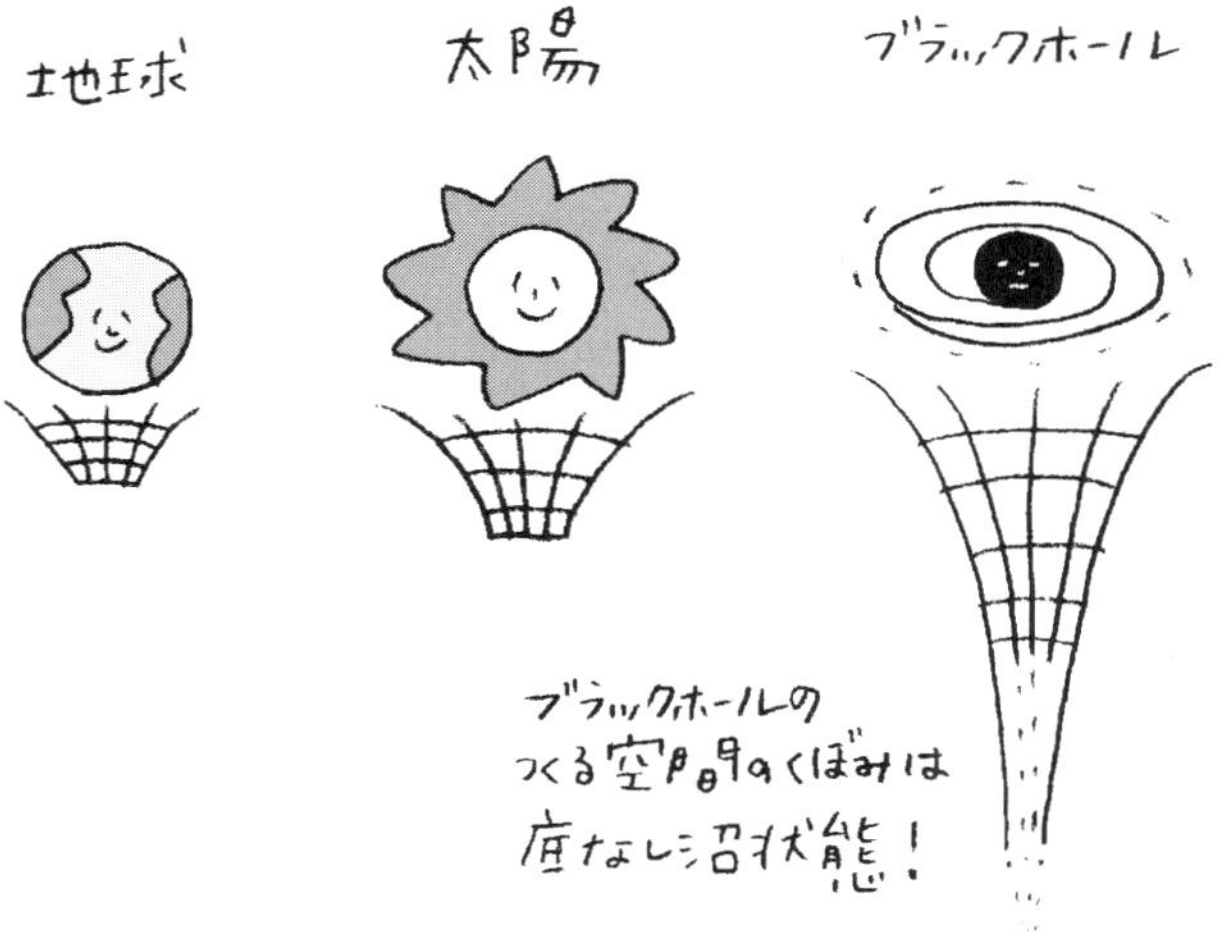
地球
太陽
ブラックホール
ブラックホールのつくる空間のくぼみは底なし沼状態！

の中心に向かって自然に走り落ちていってしまいます。この力が「重力」だと思ってください。

　質量が大きくなればなるほど、重力＝空間のひずみ（この場合は沈み）は大きくなります。くぼみが小さいうちは、そこに入りこんでもすぐにもとの空間に戻ってくることができますが、底が見えないほどにくぼみが大きくなると、容易には戻ってこられなくなります。

　宇宙空間にあって、底なし沼のように、極限まで空間にくぼみをつくってしまう存在。それが、ブラックホールです。

加速と重力は遠心力の関係

そして、もうひとつ。

ふだんの生活の中、たとえば自動車を急発進させたとき、「加速」による圧力を感じます。急コーナーを曲がるときには、遠心力で体を外側に移動させる力を感じます。実はこれらは、重力と同じ「質」、「タイプ」の力です。急上昇していく戦闘機のパイロットや宇宙飛行士が加速中に感じるG《ジー》を、地球重力の何倍という意味で「なんG」と表現するのも、2つが実質的に同じものだからです。

常に太陽が引っぱり続けているために、地球も火星も、一定の速度で公転していないと太陽に向かって落ちていってしまいます。大きな質量をもった太陽の引力を相殺しているのが、回転（公転）によって生まれる遠心力です。

ひもを付けたおもりを手でぐるぐる回してみるとわかりますが、同じ速度でまわっていれば同じ力で引っぱられているのを感じますが、回転の速度を上げると、ひもが引っぱられる力が強くなるのを感じますよね。

速くなればなるほど遠心力は強まります。地球の外側をめぐる惑星が地球よりもゆっくりまわっているのは、太陽から遠くなった分、引っぱられる力が弱くなるために、より小

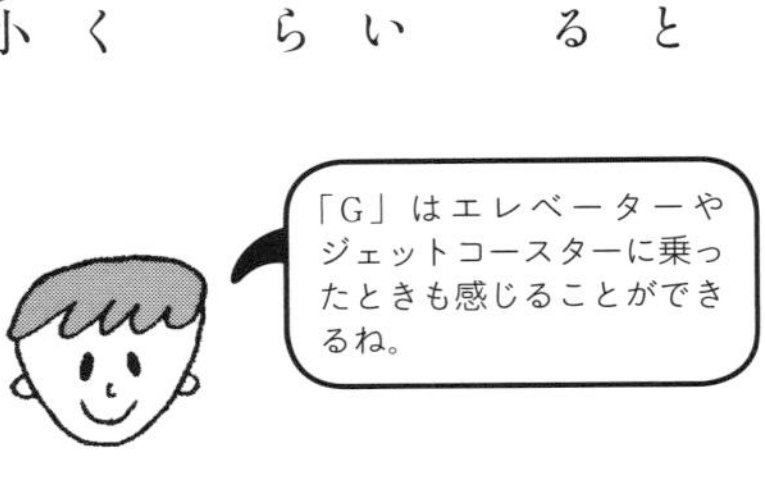
「G」はエレベーターやジェットコースターに乗ったときも感じることができるね。

さな遠心力で相殺できるからです。

ちなみに、映画やアニメに登場する宇宙ステーションや遠距離宇宙船の居住区がクルクルまわっているのは、遠心力を使って人工的に重力をつくっているからです。こんなところからも同質の力であることを実感できるはずです。

そんな遠心力は、天体が自転する際も働いています。遠心力は回転の軸となる極地では小さく、回転軸から遠い赤道付近でもっとも強くなります。とても速く自転している土星が上からつぶしたような形になっているのも、遠心力の影響です。形としてはふつうに球形に見えている地球の場合も、自転による遠心力で相殺されるために、計測される重力は赤道付近でわずかに小さくなっています。

重力が作るゆがみ：宇宙のイメージ

アインシュタインの相対性理論が教えてくれたことですが、強い重力がゆがめるのは、実は空間だけではありません。高速で動いている物体や強く加速されている物体は、その時間が遅くなるということがわかっています。

いちばん極端な例が、ブラックホールに落ちていく物体の時間です。外で観察している人と、その物体が、たとえば人が乗っている宇宙船だとしたら、その中にいる人の時間はまったく流れがちがってしまっていることになります。

同じ宇宙にいながら、速度のちがう別の時間の流れが存在していることになるのです。物語、つくり話ではなく、本当に。

つまり、強い重力は、空間をゆがめるだけでなく、時間の流れまで変えてしまうということ。それが身近な存在だったはずの重力がもつ、私たちが見ていなかったもうひとつの「顔」です。

2 重力について教えてくれるブラックホール

先生としてのブラックホール

強大な重力がどんな状況を作るのか考える機会をくれたという点で、ブラックホールは新しい世界を見せてくれた教師のような存在でもあるように感じています。

私たちは、自分たちが接する世界の常識の中で生きていて、それとはずれた領域のことをあまり考えたりしません。でも、重力という力の本質をしっかり理解しようと思ったら原子やもっと小さいサイズの粒子の間に働く重力について考えたり、宇宙に存在するもっとも大きく、密度が高い物質がつくる重力についても考えていかなくてはなりません。そのチャンスを、ブラックホールという概念がくれたのです。

そのためにもブラックホールを発見、観測して、ひとつでも多くの情報を集めたいところですが、「見えない黒い穴」という名前をもつだけあって、一筋縄《ひとすじなわ》ではいきません。

ブラックホールを見つける方法

ブラックホールを直接見ることはできません。しかし、間接的には、いくつかの手段でその存在を知ることができるようになっています。

たよりになるのは、ブラックホールに周囲の物質が落ち込んでいくときに発せられるX線です。X線やガンマ線で観測をしている宇宙望遠鏡を使い、X線の源を見つけることで、ブラックホールの所在確認もできるようになってきました。

ブラックホールの周囲には、周囲から引き寄せられたチリやガスが集まり、円盤状に高速回転しながら、少しずつブラックホールに吸い込まれています。ブラックホールの周囲につくられる円盤は「降着円盤《こうちゃくえんばん》」と呼ばれています。

円盤にある物質は、高速回転することで高いエネルギーをもつようになり、自身が光を

ブラックホールに心惹かれて宇宙に興味をもったファンも多いね。

放ちはじめるほどの高温になることも珍しくありません。ここから特徴のあるX線が発せられていて、それを見つけることで電波源にブラックホールがあることが確認できるのです。

また、ブラックホールの自転軸方向（上と下）には、吹き飛ばされた物質のジェットが観測されます。物質だけでなく、さまざまな波長の電磁波も放出されていることから、宇宙望遠鏡を使ってそのジェットを確認することも可能です。銀河中心核にある巨大ブラックホールが吹き出しているジェットの中には、100万光年もの長さになるものもあり、画像撮影がうまくいくと、幻想的な姿が映し出されることになります。

3 どこにでもあるブラックホール

増え続けるブラックホール

「太陽の20倍以上の質量をもつ」という条件を満たす恒星は、それより軽い恒星の何千分の1しかないにせよ、それでも広い宇宙には数えられないほどたくさんあります。過去にもたくさん存在しましたし、これから先も生まれてきます。太陽の20倍以上の重さというのは、寿命の最後に極超新星爆発を起こしてブラックホールになってしまう条件です。

なにが言いたいかといえば、ブラックホールは宇宙のあちらこちら、どの銀河にも必ず存在している。つまり、「ブラックホールは、宇宙ではごくありふれた天体で、珍しくもなんともない！」ということ。宇宙をどっちに行っても、ブラックホールが存在しないところなどはない、ということなんですね。

ブラックホールになるような星はもともとても短寿命で、すぐに爆発して、周囲に星の材料を盛大にばらまくとともに、その爆発の衝撃波が次の恒星誕生の引き金のひとつにもなっています。そうやって連鎖反応を起こすように次々と巨大な恒星が生まれていってブラックホールになっているとしたら、この１３７億年間にどれだけの数が生まれたのか、宇宙全体に果たしてどのくらいの数があるのか、想像することもできません。

ただ、ブラックホールが危険な存在かといえば、実はそんなことはありません。うっかり近づかなければ、なんの問題もない天体だと考えてもらって大丈夫です。危険があるとしたら、銀河の中心に存在する太陽質量の数十万倍から数億倍もある巨大ブラックホールだけですが、まずそんな場所には行けませんから、おそれるまでもありません。

なお、現在知られている最大のブラックホールは、35億光年かなたの銀河の中心にある

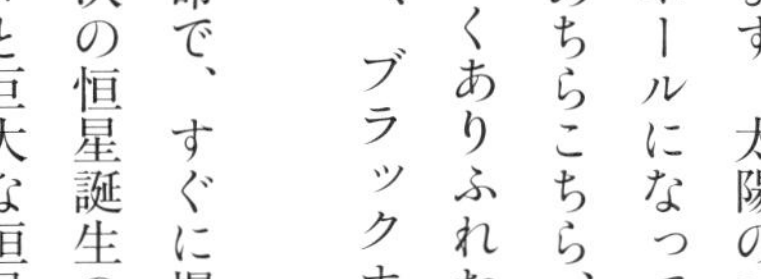
宇宙のいたるところにブラックホールがあるというのはちょっと驚きだね。

ブラックホール（OJ287）で、太陽の180億倍もの質量をもっていると計算されています。

ブラックホールへの道すじ

理論からその存在が予言された当初は、ブラックホール的なものは計算が生み出した机上の存在だと信じる研究者も多くいました。

ある質量をもった物体が、半径rの位置（rは物体中心からの距離）につくる重力は、古典的なニュートンの力学から計算することができます。その物体の密度が高まり、rがどんどん小さくなっていけば、物体表面で感じられる重力はどんどん大きくなっていくことになります。そして、研究者の名前をとった「シュバルツシルト半径」と呼ばれる距離に達したとき、その場の重力が光でも逃れられない強さになることが計算からはわかっていました。これが最初に作られたブラックホールのイメージです。

しかし、シュバルツシルト半径を越えるほどに物質が高い密度になることは、自然界ではありえないと思われたのでした。仮に地球をシュバルツシルト半径以下にしようとしたら、全方向からぎゅっと圧縮して、直径1・8センチほどの球にする必要があります。そんな超高密度のものなどありえないし、圧縮する方法すらイメージできませんでした。

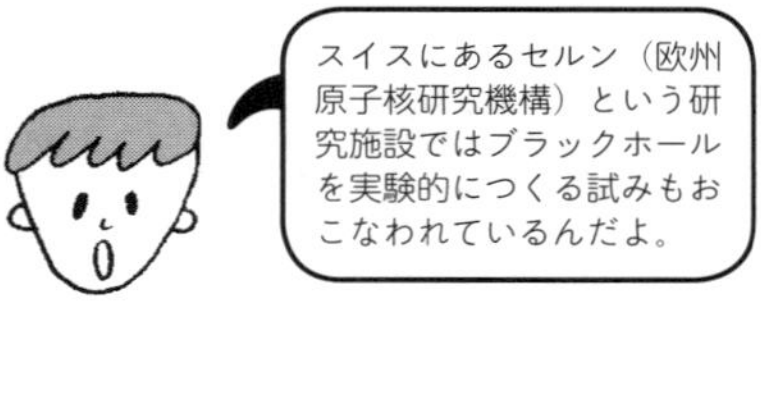
スイスにあるセルン（欧州原子核研究機構）という研究施設ではブラックホールを実験的につくる試みもおこなわれているんだよ。

ところが、パルサーの研究から中性子星が見つかり、形成のメカニズムや内部構造がわかってくると、より巨大な恒星が激しい超新星爆発をすれば、中心部がシュバルツシルト半径以下に縮む可能性も出てきたのです。

最終的に、ハクチョウ座X－1と呼ばれる天体がブラックホールであることが確認されたことで、ブラックホールは現実のものとして理解されるようになり、その後、さまざまな観測から銀河中心には巨大なブラックホールが存在することもわかってきました。

大質量ブラックホールができるまで

なぜ、銀河の中心に巨大なブラックホールが存在するのか、どうやって形成されたのかは不明のままでしたが、恒星が極超新星爆発したあとに残る「恒星質量ブラックホール」と銀河核にある「大質量ブラックホール」の中間サイズの「中質量ブラックホール」がX線観測衛星により発見されたことで、少しずつ推測できるようになってきました。

銀河系（**天の川銀河**）の外にあるほかの銀河の腕の部分に、強いX線源があることは以前から観測されていました。そのX線の強さ（**明るさ**）をX線観測衛星で詳細に観測し、その質量を計算してみたところ、太陽質量の100倍とか1千倍のサイズという結果が出たのです。恒星質量ブラックホールは、だいたい太陽の3～15倍の質量で、基本的に20倍を超えるものは存在しません。つまり衛星は、中質量ブラックホールを発見したのです。

星間ガスの密度が濃く、大質量の恒星がきわめて狭い空間に同時に大量に生まれる場所では、ふつうならば散り散りになっていくものが、星団をつくり、ときに恒星どうしが暴走的にぶつかりあい、融合しあった結果、本来では存在し得ない大質量の星になり、重力崩壊を起こしてブラックホールになると計算されました。このような過程を経てつくられたブラックホールは、たしかに中質量ブラックホールになります。

こんなふうにして生まれた中質量ブラックホールが、まわりの星々を飲み込み、巨大化しながら銀河中心に向かって「落ちて」いくことで、銀河中心にブラックホールが移動し、なおかつそうしたブラックホールが複数融合したことで、大質量をもった超巨大なブラックホールが銀河中心に存在するようになったと、今では考えられています。

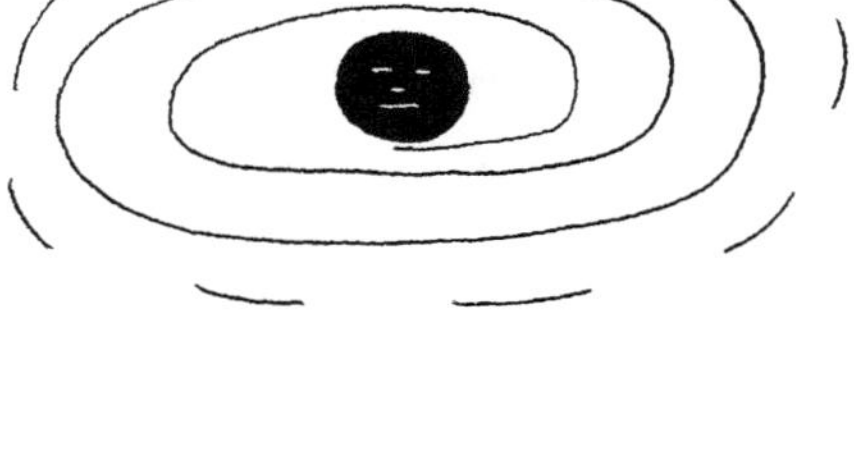

4 時の流れを変えてしまう重力

強い重力がどのように時間に作用するか教えてくれたのもブラックホール

ブラックホールがどんな形で存在するのか（まわりにどんな影響を及ぼすのか）、最初に私たちに教えてくれたのは、ドイツの天文学者シュバルツシルトです。

一般相対性理論の中核であるアインシュタイン方程式を特定の条件のもとで解いたシュバルツシルトは、その解をもとにブラックホールの状況を示しました。

アインシュタインは、「物質やエネルギーが存在することで時間や空間がゆがむのが重力場である」と考えました。逆を言うなら、強い重力がつくる「重力場」は時間や空間をゆがませてしまう、ということです。さらに別な言い方をするなら、「空間のゆがみこそが重力」と説明することも可能です。

遠いところから、なにかがブラックホール本体であるシュバルツシルト半径に向かって落ちていったとします。強い重力場は、物体をどんどん加速させていきます。しかし、アインシュタインの特殊相対論によれば、物体の速度は光速を越えることができません。

シュバルツシルト半径に近づいた物体は、強い重力場のために時間経過が遅くなって、そのためにいつまでたっても光速を超えません。限りなく近づくだけで、光速に達することができません。逆に、シュバルツシルト半径の内側からシュバルツシルト半径に近づこうとしたとしても、光でさえ脱出することは不可能です。そのため、シュバルツシルト半径がつくる球面は、「事象《じしょう》の地平線」と呼ばれるようになりました。

これがブラックホールです。

ブラックホールの中心には特異点がある

事象の地平線に到達した時点で、重力の強さはすでに光も超えられないレベルに達してしまいます。その内側に行けたとして、ブラックホールの中心に近づくほど、さらに重力は大きくなって、その中心は無限大になると考えられています。

この重力が無限大になるブラックホールの中心点は「特異点」と呼ばれますが、もとの天体が自転していたことから、実際には確認できないだけで、ほとんどすべてのブラックホールは自転しているはずで、そうであるなら特異点は点としては存在せず、ブラックホールの内部にリング上に存在しているはずと計算されています。

● ブラックホールのしくみ

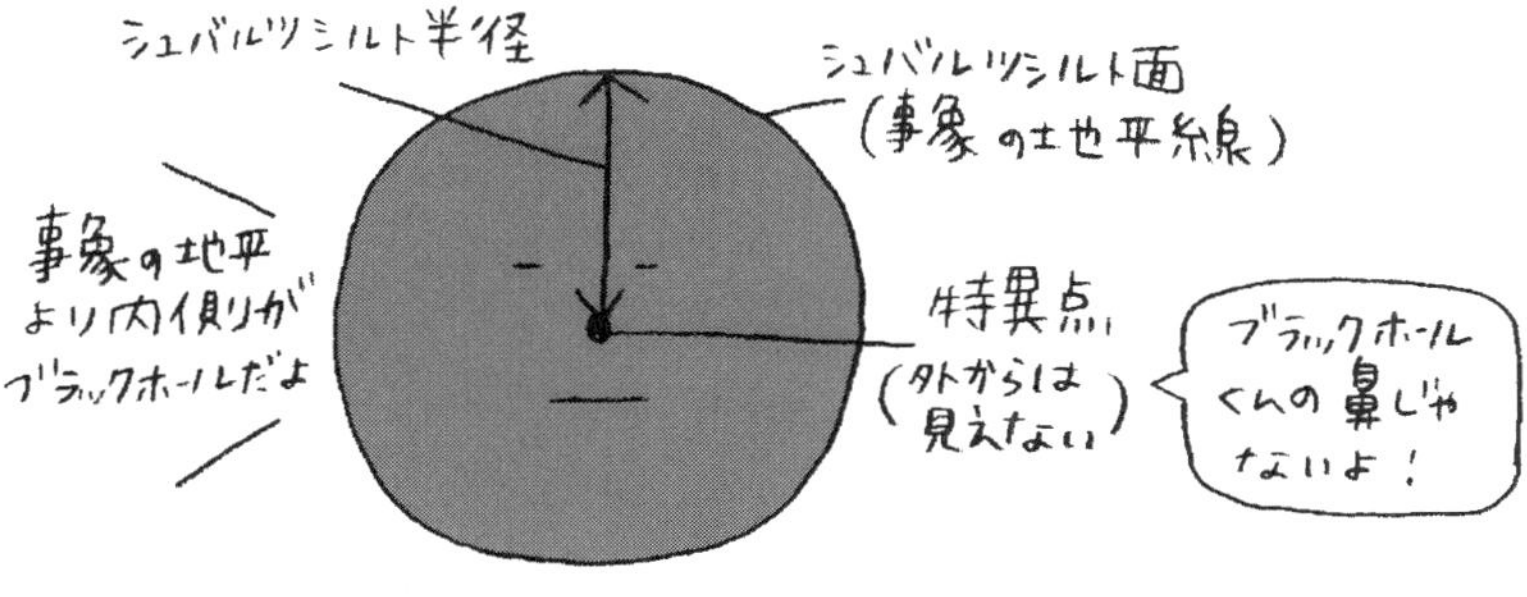
シュバルツシルト半径
シュバルツシルト面（事象の地平線）
事象の地平より内側がブラックホールだよ
特異点（外からは見えない）
ブラックホールくんの鼻じゃないよ！

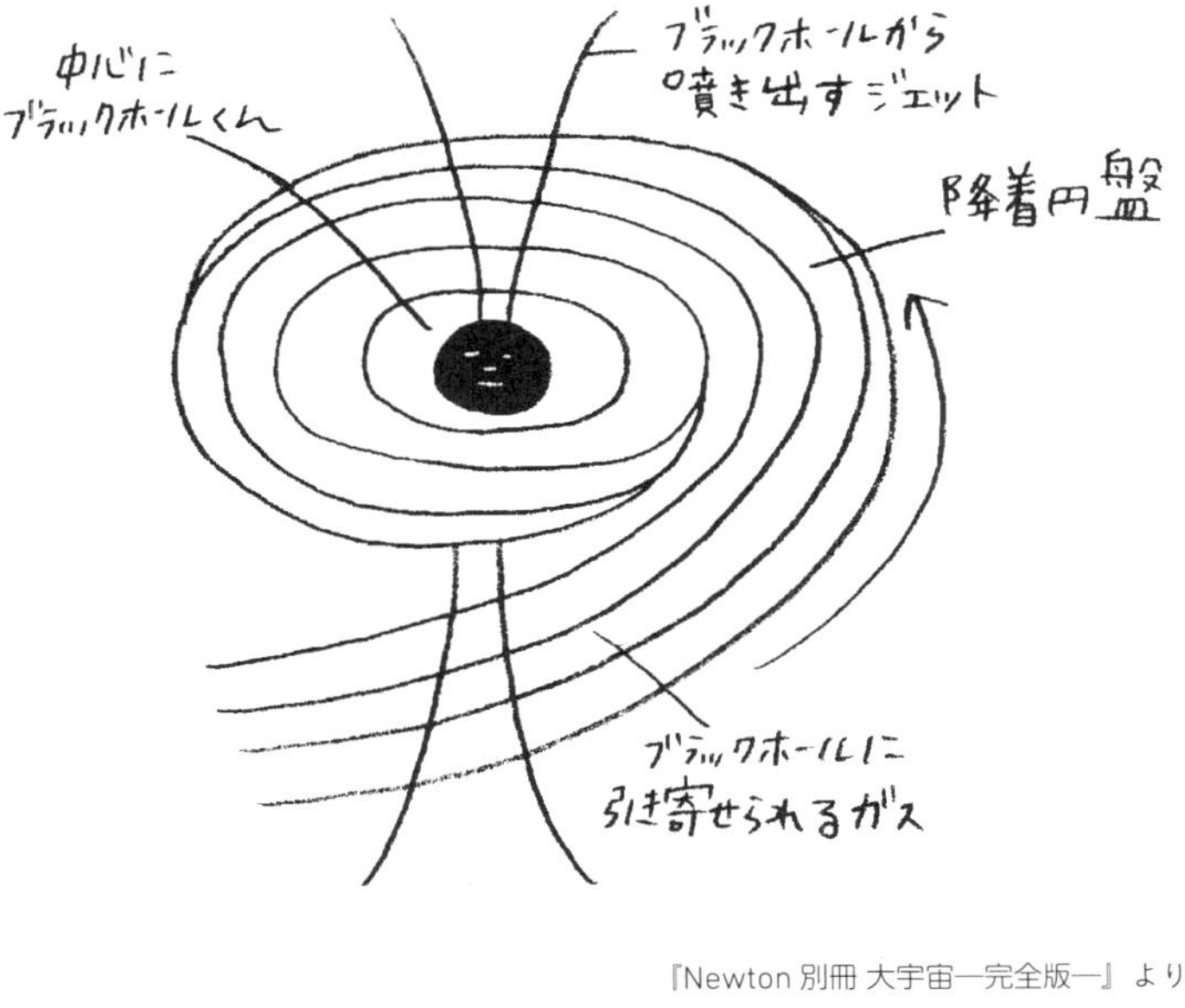
中心にブラックホールくん
ブラックホールから噴き出すジェット
降着円盤
ブラックホールに引き寄せられるガス

『Newton 別冊 大宇宙―完全版―』より改変

ブラックホールって怖いもの？

一般的なブラックホールは、巨大な恒星が寿命の最後に極超新星爆発を起こした際、その爆圧によって中心部が収縮し、シュバルツシルト半径以下に縮むことによってつくられます。

一度中に入ってしまうと、「光さえ脱出できない」ということからブラックホールという名前がつきましたが、それでももともとの恒星に比べて、取り立てて危険な存在というわけではありません。

強いX線を出す天体という点ではたしかに危険ではありますが、ふつうならば、太陽のような恒星にも、だれも近寄ろうとは思いませんよね。熱いし、重力は強いし。それなりに強力な放射線も出ているため、生物にとっては死の世界でもあるのですから。

恒星が超新星になった末に誕生したブラックホールは、もとの質量の1割とか、それ以下しかありません。超重力が売りの天体ではありますが、もとの恒星で安全だった距離ならば、その超重力も問題になりません。そばに寄りすぎなければ、単に重力の大きな天体にすぎないのです。

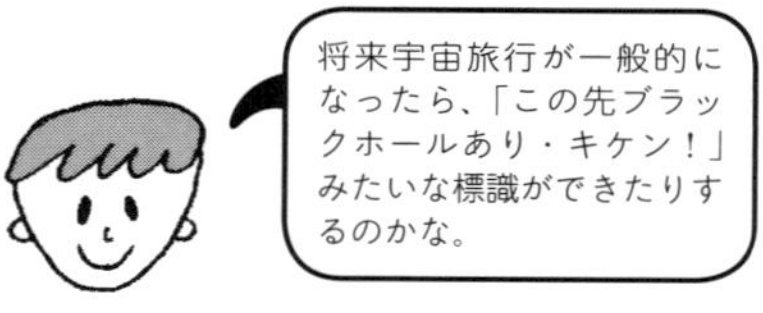
将来宇宙旅行が一般的になったら、「この先ブラックホールあり・キケン！」みたいな標識ができたりするのかな。

ブラックホールはいつか消える？

陽子や電子などの粒子、素粒子には、それぞれ「反物質」と呼ばれる、対になる物質が存在しています。物質と反物質は同じ大きさ、同じ重さで、ただプラスやマイナスといった電荷だけがちがっています。

マイナスの電荷をもった電子にはプラスの電荷の「陽電子」が存在していて、プラスの電荷をもった陽子には、電荷がマイナスの「反陽子」が存在する、といったかんじです。

そして、たとえば物質と反物質の関係にある電子と陽電子が出あい、衝突した場合、瞬間的に2つは消滅して、エネルギーに変わります（たいていは、ガンマ線などの光になります）。これは「対消滅《ついしょうめつ》」と呼ばれる現象で、このときに生まれるエネルギーは、電子2個分の質量が変換されたエネルギーに、2つの粒子がもともともっていた運動エネルギーを加算した量になります。

その一方で、高いエネルギーに満ちている空間では、見えていないだけで、電子と陽電子などの形で、物質と反物質が瞬時に誕生し、そして瞬時に消滅しています。

物質と反物質が出会って消滅する対消滅に対して、エネルギーから、たとえば高いエネルギーをもったガンマ線などの光から、物質と反物質が対になって生まれてくることを

「対生成《ついせいせい》」と呼んでいます。

この宇宙が生まれたとき、物質と反物質が大量に生まれ、そして大量に消滅してエネルギーになりました。今この宇宙に反物質がなく、ふつうの物質だけが存在しているのは、誕生したときにごくごくわずかに物質のほうが多かったからだといわれています。

粒子の対生成・対消滅はこの瞬間も宇宙の各地で起こっています。もちろん、ブラックホールの事象の地平線の付近でも起こっています。ここで、できた粒子の片方、たとえば反物質のほうがブラックホールに落ち、もう一方が外へと飛び去っていったとしましょう。その反物質は、ブラックホールの内部で物質と反応して、ふたたびエネルギーに戻ります。その物質がエネルギーになった分、ブラックホールは軽くなり、その繰り返しによっていつか蒸発してしまうと考えられています。

ただ、完全に消え去るのは微細サイズのブラックホールに限られていて、通常のブラックホールは宇宙が終わる日が来ても、蒸発せずに存在し続けるという計算もあります。

5 ヒッグス粒子と重力の関係

質量をつくる素粒子：ヒッグス粒子

素粒子には、物質をつくる粒子と力を伝える粒子が存在しています。クォークが6種類と電子やニュートリノが含まれるボーズ粒子と呼ばれるものが6種類、合わせた12種類が物質をつくる粒子で、フェルミ粒子（フェルミオン）と呼ばれています。

自然界にある4つの力、電磁力、強い力、弱い力、重力を伝えているのはゲージ粒子と呼ばれる粒子で、その代表ともいえるのが、光（電磁波）の正体であり電磁的な相互作用を媒介する光子です。

原子核の中でプラスの電荷をもった陽子や電荷をもたない中性子をのりのようにくっつけている力が「強い力」で、グルーオンという素粒子がその役割を担っています。とても単純なネーミングですが、この「強い力」が自然界に存在する力の中でもっとも強い力であることから、この名前が定着してしまいました。

これと近い力として、陽子を中性子に、中性子を陽子に変える力が存在するのですが、これを「弱い力」と呼んでいてウィークボソンという粒子がその役割を担っています。これらの素粒子は、「ボソン」という名称でまとめられています。

このように、自然界にある4つの力のうち、3つまではそれを媒介する素粒子が発見されています。唯一、見つかっていないのが、アインシュタインが一般相対性理論を通して存在を予測した、重力波によって重力を伝える「重力子《じゅうりょくし》」（**グラビトン**）という粒子です。

一方、最近になって、重力のもととなる質量を生み出すヒッグス粒子についての報道も増えてきました。

実は宇宙には、素粒子に質量を与える「ヒッグス場」と呼ばれる「場」が、まんべんなく広がっていると考えられています。ヒッグス場というのは、電場、磁場などと同じようなイメージで、電場が電荷をもった粒子に作用するように、ヒッグス場はそれぞれの素粒子に働いて、固有の質量をつくりだす場です。そして、その力を伝えるのがヒッグス粒子である、とされています。

たとえば、こんなふうに考えるとわかりやすいかもしれません。

ほとんどの素粒子には質量がありますが、ヒッグス場のない空間——つまり、この宇宙ではない場所では、「質量を示すスイッチ」がオフになっていて、すべての素粒子が重さをもたない、質量0《ゼロ》の状態となります。

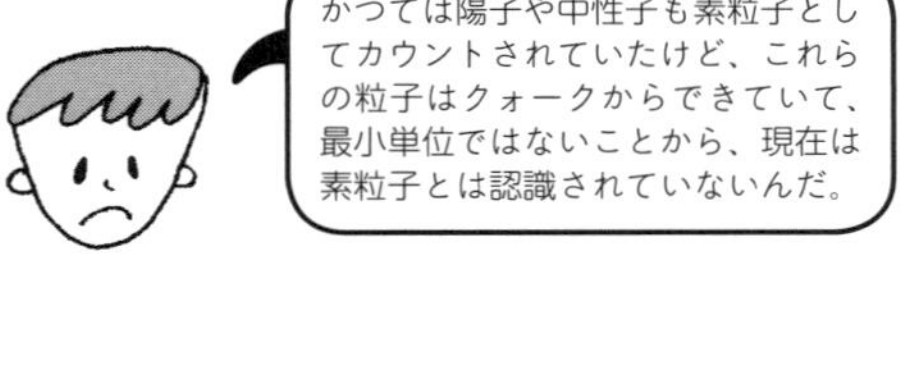
かつては陽子や中性子も素粒子としてカウントされていたけど、これらの粒子はクォークからできていて、最小単位ではないことから、現在は素粒子とは認識されていないんだ。

そんな粒子をこの宇宙、すなわちヒッグス場のある空間にもってきた瞬間、ヒッグス粒子が「質量を示すスイッチ」を、たちどころにオンに切り換えてしまうために、「質量」が計測できるようになる。ざっくりと解説すると、そんなイメージです。

一方、光子やグルーオンには、もともとそのスイッチが存在していないので、ほかの素粒子が質量をもつようになる「場」にもってきても、あいかわらず質量0のままとなります。

このようにして、質量を生み出す（伝える）のがヒッグス粒子で、質量が生み出した重力を伝えるのが重力子です。近しい存在でありますが、作用はまったくちがうものですから、重力子とヒッグス粒子はぜんぜん別物と考えた方がいいでしょう。

また、「ヒッグス粒子は暗黒物質なの？」という問いかけもときどき聞かれますが、この2つをイコールで結ぶとわけのわからないものになってしまいます。ここも、分けて考えておいてください。

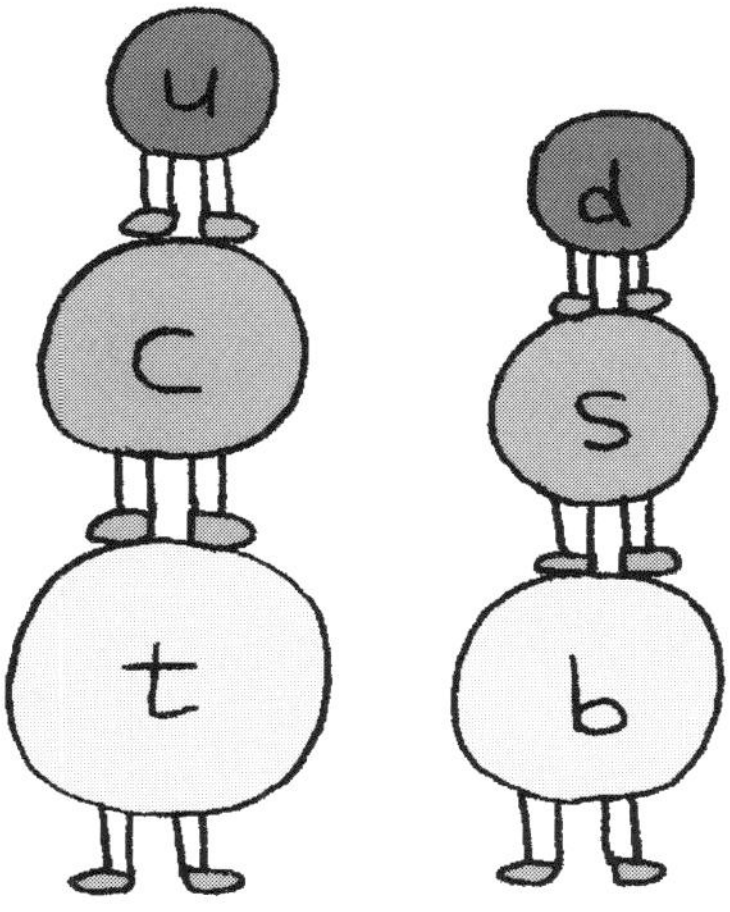

ブラックホールの先は？

「黒の裏側が白って、ゲームとしてはありだけど、そういう世界観って単純すぎるよね」

オセロのコマを手にとってコスモくんが言った。

さっきまで、ふたりで遊んでいたのだ。

「黒と白？」

部屋の奥へと歩いて行ったコスモくんが返答のかわりに本棚から引き抜いてきたのは、ジョン・グリビンの『ホワイト・ホール』という本だった。

「すっかり聞かなくなっちゃったでしょ？　この名前」

「そういえば、そうだな……」

少し日焼けして、カバーがくすんでしまった本を手にとってうなずく。

ホワイトホールは、数学的にはありえる存在なのだという。でも、その徴候さえも発見されていないし、そもそもどうやってつくられるのかイメージすらできない。

そんなこともあって、『ホワイト・ホール』は１９７７年の本だが、内容的にはすっ

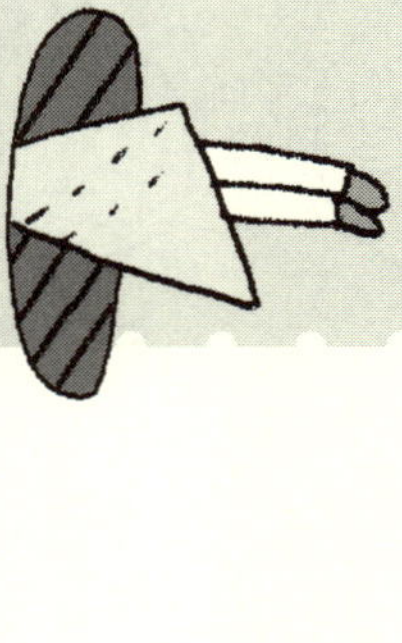

かり古くなってしまった感があった。

「ブラックホールは、まわりの物質を吸い込み続ける。吸い込むものがなくなっちゃうまでね。ミクロサイズの小さなブラックホールなら、蒸発して消えてしまう可能性もあるけど、ふつうのブラックホールは宇宙の歴史が終わる日まで、ずっとそこにあり続ける」

天井のかなたのなにかを見つめて、コスモくんが言った。

「それで、なにか影響はないのか？　宇宙の歴史が変わってしまうような影響とか？」

宇宙がブラックホールだらけになって、なにかのバランスが狂ってしまうとか？

「ないよ」

あっけらかんとコスモくんは答えた。

「だって、このままブラックホールが増え続けたとして、何百億年経ったって宇宙全体の1万分の1以下にもならないんだよ？　しかも、宇宙は広がり続けてるわけだしね」
「なぁ。ブラックホールがどんどん成長して巨大になったら、宇宙に穴をあけてどこかにつながるとか、そんなふうにはならないのかな？」
「どこかとつながることがあったとしても、その先が吹き出し口とは限らないでしょ？」

それはわかる。

ブラックホールっていうのは、この宇宙の時空をゆがませて、くぼみをつくるイメージだから、くぼみがどんなに深くなっても、その先がこの世界のどこかにつながるとは思えない。たとえつながったとしても、ブラックホールに落ちていく物体の時間がどんどん伸びていってしまうなら、どこかから出るなんてできるわけがない。

あれ……？

じゃあ、宇宙で増えてる暗黒エネルギーっていうやつはどうなんだ？

「なぁ。ブラックホールやホワイトホールからちょっと離れるけど、暗黒エネルギーが宇宙の中で増え続けているから、宇宙の膨張が止まらないっていう話もあったよな？」

「うん」

「それって、どこかに吹き出し口があって、エネルギーが漏れてきているってことじゃないのか？　それこそ、ホワイトホールのように」

「それは分けて考えてよ。同じように考えようとすると、きっと実態が見えなくなっちゃうと思うんだ」

たとえばね……、と語りだす。

「折り畳まれた厚手のタオルが何枚かあって、それが重なっているとするよ？　重なったまま、それを水を張った大きな洗面器に浸すようにおく」

「うん」

「全体にじんわり水がしみ込むでしょ？　1カ所からじゃなく。暗黒エネルギーもそんなふうに全体に染みわたっているイメージなんだ」

「そうか。特定の場所だけに水をこぼしたりしたら、タオル全体に均等に広がらないもんな。ということは、噴水のように、宇宙に穴があって、そんな穴から吹き出しているイメージじゃないってことか」

「そのとおり」と笑うコスモくん。一瞬後、少しまじめな顔になって、「でもね」と付け加えた。

「そうじゃない可能性もあるんだ。宇宙が広がっても、ある場所にある暗黒エネルギーはぜんぜん薄まらないかもしれない。だから、宇宙が広がるとともに、見かけ上は量が増えてるように見えているだけかもしれない」

「え？」

広がっても、薄まらない？

「この部分は、今はまだ説明できないんだ。ごめんね」

残念そうな顔で頭をかいた。

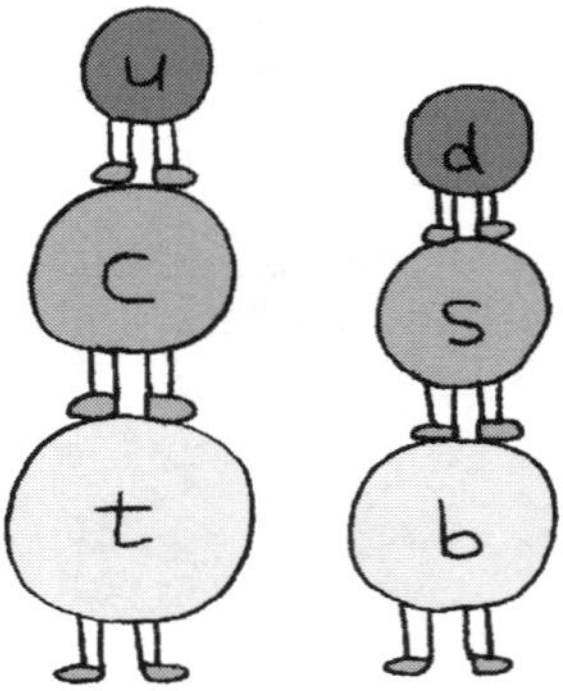

ぼくたち、誕生直後の宇宙も知ってるよ！

小さいけどなくてはならない存在

クォークファミリー

Quark(Family)

アップ、ダウン、チャーム、ストレンジ、トップ、ボトムの６つからなる、素粒子のグループのひとつ。物質を形作る最も小さい要素（最小単位）。さいきんヒッグス粒子（？）の発見もあり素粒子というクォークの仲間たちがニュースなどにも頻繁に登場するようになった。

13

ふふ、わたしを見つけられるかしら？

宇宙警察が捜索中！

重力子さん

Graviton

アインシュタインが予言した、重力を伝えてくれる素粒子。自然界に存在する「４つの力（電磁気力、強い力、弱い力、重力）」のうち３つまでは伝える素粒子が見つかっているものの、重力子だけが未発見。捜査、捜索は全力で継続中！

14

エピローグ

宇宙利用と人間の未来

1 宇宙と、どうつきあっていこう

宇宙と地球の関係

太陽活動は、周期的に強まったり弱まったりしています。太陽風が強まったり太陽嵐が発生したりすると、身体への影響が懸念《けねん》されるほどの高エネルギーの電磁波やプラズマ流が、地球の周回軌道上にある国際宇宙ステーションを襲う可能性もあります。人類の宇宙での活動が増えてきたら、「宇宙天気予報」などのかたちで、太陽活動についての日ごと、時間ごとの予報も、きっと必要になるでしょう。

地球は過去に幾度も氷河におおわれてきました。はるかな太古には、地球全体がすっぽり氷に包まれる「全球凍結《ぜんきゅうとうけつ》」を起こしたことさえあります。「スノーボールアース」は、そのときの地球の姿を表現した言葉でした。

二酸化炭素やメタンなどの温暖化ガス（**温室効果ガス**）の影響もあって、地球の平均気温は年々アップしているため気づきにくいのですが、本当ならば地球は、これからまた氷河期に向かって気温が下降するサイクルに入っているはずでした。でも、そのサイクルに入っていたから、温暖化が今のレベルで留まってくれているということもできます。

寒冷な氷河期から氷河が溶けて温暖化した時期にかけての環境の変化はとても大きく、海面上昇ひとつとってみても、地球温暖化で心配されている上昇よりも1桁も2桁も大きなものだったことがわかっています。実際に、氷河期と寒さがゆるんだ間氷期では、100メートル以上も海面の高さがちがっていました。

こうしたダイナミックな地球環境の変化は、地軸の変動や太陽活動の中長期の変化など、宇宙からの影響があって引き起こされたものです。宇宙で起こったごくごく小さな変化が幾度となく、地球に大変化をもたらしてきたのです。

さらには、たとえば、わずか10～20キロメートルの隕石が地球に落ちただけで、巨大な爆発が起きて、それが気候にも影響してきます。種の絶滅も起きます。

つまり、なにがあろうと、私たちは宇宙とは無関係では生きられないということです。

昔の人々は、自分たちの世界観や価値観、自分たちにとってのニーズをもとに、必要とする情報を宇宙から読み取っていました。時代は進み、世界は変わりましたが、人間が宇宙からの影響を受け続けていることに変わりはありません。私たちは、いまの私たちが必要とする情報をしっかり宇宙から読み取って、生活の中に生かしていく必要があります。宇宙と縁が切れることは、永久にないのです。

2 月面や火星で暮らす日

月や火星で暮らす日がくるかもしれない

火星の表面積は、地球の陸地面積とほぼ同じ。地球に比べて小さいと言われるものの、それでも十分に立派な惑星です。そして、今でこそ赤い砂漠の惑星ですが、過去においては、滔々《とうとう》とした水をたたえた、地球に似た海のある惑星でした。

また、火星は寒いものの、寒すぎるというほどではありません。薄いながらも大気をもち、地表、地中にはそれなりの量の水があることがわかっています。

大気は着陸の際にクッションになり、パラシュートのようなものも利用できます。地球のような磁場はないものの、大気が有害な宇宙線を多少は吸収してくれるので、火星の表面には宇宙空間ほど強烈な放射線は降りそそぎません。二酸化炭素などの温室効果をもつガスを増やして大気圧を上げ、気温を上げて、少しずつ地球に似た環境を作り上げていけばいつかは火星の上で生活することもできるようになるかもしれません。

そこで暮らすことを目的に、惑星や衛星を地球化することを「テラフォーミング」と呼びます。現在の火星のような環境でも棲息できると思われる植物や微生物は地球上にも存在します。そうした生物の手も借りて、環境を改造していこうというこのアイデアは荒唐《こうとう》無稽《むけい》にも思えますが、可能性をめぐって科学者や有識者のあいだで、長く真剣な議論がおこなわれているものでもあります。

メンタルケアが重要になります

宇宙で暮らすにあたっては、地球とは異なる環境や、狭く人間密度が高い環境に長くいることによって生じるストレスや精神的な不調をどうやって解消するかということも大きな課題であることから、近い環境に被験者を置いた対策実験もおこなわれています。

たとえば火星に行こうとした場合、現在地球が用意できる宇宙船では、どうがんばっても半年はかかります。その間、どうやってクルーの精神を安定させるかという問題は、宇宙線対策や筋肉の維持をどうやっておこなうかという問題とともに最重要課題なのです。

人類が火星など、ほかの天体の上で本格的に暮らすようになる日は、来るとしても相当先のことでしょうが、「そこに行く日」は、もしかしたら意外に近いかもしれません。今世紀中に人類がふたたび月に立つことはまちがいないとして、火星の土を踏みしめるアストロノーツの映像が見たいと願う人々の希望も、意外に早く叶うかもしれません。

宇宙とぼくたちはつながってる

「見上げた空のかなたに、宇宙はいつだってある、か」

見慣れた木目の天井の先に、星雲や、星からの電磁波を浴びて色鮮やかに輝く星間ガスの雲がイメージできた。

「そうそう。曇ってたって関係ない。屋根があったって、ね。だって、銀河の奥からやってくる宇宙線も太陽からやってくるニュートリノも、宇宙のどこにでもある暗黒物質も、雲も屋根も通り抜けて、ここまでやってきているわけだし」

「そして、そんなものたちは、人間も、地球さえも突き抜けてまた、かなたへと去っていくんだな……」

うん、とコスモくんがうなずく。そして。

「金銀も、大きな恒星があったから、そんな星が超新星爆発を起こしたから、生まれることができて、指輪やネックレスや携帯電話にも使うことができた」

「彗星が運んできた有機物が地球に降りそそいだから、地球に生命が生まれた……」

「そうさ。宇宙とぼくたちは、ちゃんとつながっているんだよ」

コスモくんは、こちらに向かって極上の笑みを投げてくれた。

「ぼくたちは、ひとりじゃない！」

そうだな。いつのまにか、このヘンなやつが家にいるのも、あたりまえになってた。

「ふだんは見えなくても、たとえ遠くにいても、ちゃんと存在しているし、つながってる。それが宇宙だよ」

深い闇色の瞳で、見つめてくる。そこには、母性や慈愛さえもあるような気がした。

不思議なやすらぎも感じる。だが、それは意外な言葉で吹き飛ばされた。

「だから、そろそろ行くね」

「行くって、どこに？」

「もといた場所」

静かに、コスモくんは言った。

「帰る、のか？」

「うん」

もう、だいたいのことは説明したしね、と笑う。ほんの少しだけ、寂しげに。でも、
満足そうに。

「約束も果たせたしさ」

「そうだな……」

返した言葉に、少し驚いたようだった。最後の最後に、彼の意表をついてやれたことが嬉しい。

「お前って、さ。宇宙そのものだったんだな?」

最初の印象どおり……。

「そうだよ」

「そして、宇宙のことをもっと知りたいっていう願いに応えて、ここにやってきた」

「そう。願ったのは君だ。そして、ぼくは応えた」

最初に願ったのは、幼稚園児のころだった。ずっと忘れていた。でも、彼と話すうちに、少しずつ、少しずつ、思い出していた。すべてのきっかけも。彼の名前の由来のことも。

「昔、チビのころ、ひーちゃんっていう仲良しの女の子がいたんだ。彼女は宇宙が大好きで、いつも空を見上げていた。大きくなったら宇宙に行きたい。自分は女の子だけど、それでも宇宙のいろんなことが知りたい。行って、自分の目でいろんなこと、確かめてみたいっていつも言ってた」

知ってるよ、というように、うんうん、とうなずくコスモくん。

「画用紙に描いた宇宙から来た男の子に『コスモくん』って名前をつけたのも彼女だ。宇宙から来た、なんでも知ってる男の子だって。いつか彼は本当にやってくるって言って」

その絵の男の子が彼女の創作だったのか、コスモくんが彼女の心にイメージを投影したのかはわからない。でも、描き始めた瞬間に、彼女はその男の子が大好きになっていた。

「出会ってすぐに、『コスモくん』って呼んでくれたときは嬉しかったよ。ああ、おぼえててくれたんだって、感激した」

「ごめん。忘れてた」と頭をかく。「でも、あのとき頭に浮かんだんだ。お前の名前が。そして、毎日話していくうちに思い出してた」

「そっか」

それはそれで嬉しい、とコスモくんはいった。そして、嬉しいついでに……、と。

「せっかくだから、予言をいくつかしておこうかな。宇宙のことを知りたいという子どものころの願いは、こうしてもう叶ったんだ。君はいつか、『宇宙』の本を書くよ。そしてその本にはきっと、ぼくが登場する。はじめはそんな意思がなくても、きっとそうなる」

ま、まさか……。宇宙の本が書ければいい。そうは思ってるけど。

「そして、もうひとつ」

いたずらっぽく笑った。本当に子どものような笑みで。

「そのころに、君は、ひーちゃんに会うよ。そこからどうなるかは、知らないけど」

「え？」

「その本がきっかけでね」

お互いに見つめ合う。なにかを確かめるでもなく、ただ気持ちを交換するように。

「なぁ、本当の姿って、あるのか？」

それは、ずっと聞きたかった疑問だった。たぶん、聞けるのは今だけだ。

「あるといえばあるし、ないといえばないかな。ついでにいうと性別もないよ」

「え？」

「最後だし、女神様っぽい姿になろうか？　そんなふうなイメージをした人、昔はすごく多かったから」

一瞬、頭の中に、ひたいに「春」の文字を張り付けた女の子のイメージが浮かんだ。

頭をふって、追い払う。

「いや、いい」と、苦笑しながら答えた。

「コスモくんはコスモくんだろ？　そのままでいいよ」

彼は彼だ。性別はない、女神様のような姿だったこともあると言われても、いまさら印象が変わることはない。

へへっ、と嬉しそうにコスモくんは笑った。そして――。

「じゃあ、行くね」

「もう？」

「ぼくは忙しいんだ」

うそつけ……。

「ありがとうな」

「ううん。それはこっちのセリフ。静岡茶もマカロンもおいしかったよ。また、次に会うときもよろしく！」

「え！」とおもわず声が出たときには、彼の姿が部屋から消えていた。

ただ、静かに、彼が飲んでいたお茶が湯気を立てていた。

「またな。居候《いそうろう》」

窓を開けて、挨拶を投げる。静かな空に星々がまたたいていた。

あとがきにかえて

宇宙が好きです。

子どものときから、変わらずにずっと。

図鑑を眺め、SF小説を読んで、見知らぬ世界のことを考えているのは、至福《しふく》の時間でした。もちろん、ボイジャーの映像も、かじりつきで観ていました。

そんな気持ちの延長で、SF作家で科学者でもあったアイザック・アシモフが書いているものが好きになり、彼のような仕事がしたいと思うようになったのは14歳のころです。理系の作家になるために物理を選び、メーカーに勤め、独立して、子どものころの思惑《おもわく》どおりにものかきに。そして、自然エネルギーの本を書き、鳥の生態や知能の本を書き、江戸文化の本を書き、音楽やマンガの記事を書いてきましたが、でも、まだ届かない……。

宇宙の本が書きたい。宇宙が舞台の、そこを旅するようなSFが書きたい。ずっと思っていたのに、その願いはなぜか遠く、何年も実現できていませんでした。

ですので、今回こうして書店に並べることができたこの本は、願いの叶った1冊となりました。

最初に企画をいただいたときから、この本の基本コンセプトは「つながる」でした。宇宙がテーマとはいえ、読者にとって、できるだけ身近なものにしたい。「つながる」をキーワードにして、遠いものではないことを実感できる本にしたい。そう思いました。

宇宙、特に宇宙論には難しい内容も含まれていて、ふつうに解説すると難解な本になってしまいます。でも、ぜったいに、そんな本にはしない！　それが、担当編集者と著者の一致した考えでした。

科学に触れる本では特に、自分や身のまわりのことに接点がなくて、興味の持ちようがないときに難しいと感じることも多く、そこにさらに、よくわからない専門的な用語が出てきたり、数式が出てきたりすると、「もう、いい。お手上げ」という気持ちになります。なので、どの章を解説するにあたっても、私たちに身近なものや現象、共感できるものとの接点を見つけて、そこから解説していくことを意識しました。その上で、どうしても避けられない用語を除いて、言い回しなども、なるべくふつうのことばに置き換える。ナビゲーターを登場させて、そのナビゲーターにちなんだ小説ページを挟み込む――。

こうしてできあがったのが、この本です。

はじめに、でも書きましたが、もしも理解するのが大変なページが出てきたときは、さらりと読みとばしても大丈夫です。全部を完璧に理解しようと思う必要はありません。そんなことをしなくたって、「宇宙を楽しむ」ことはできますから。

宇宙には、おもしろいこと、不思議なこと、すばらしいことがたくさんあります。子どもが興味をもつようなことも、たくさんあります。

なにかひとつわかるたびに宇宙は、感動や満足を私たちに届けてくれます。この本を通して、そんなことをひとつでもふたつでも、見つけてもらえたらいいなと思います。そして、もっと深く知りたくなったときには、専門的な本のページもめくってみてください。

実際には、なかなか行くことのできない宇宙でも、心でなら、そこを自由に歩き、飛び回ることができます。読んだり、見たりして得た知識が、そこを歩くための靴、飛ぶための羽になってくれるはずです。

この本が、そんな靴や翼になってくれますように。祈りをこめて――。

２０１３年２月　細川博昭　仕事場にて

参考文献

- 『宇宙論 I ―宇宙のはじまり　第 2 版』（シリーズ現代の天文学 2）
  佐藤勝彦・二間瀬敏史編　日本評論社　2012 年
- 『宇宙論 II ―宇宙の進化』（シリーズ現代の天文学 3）
  二間瀬敏史・池内了・千葉柾司編　日本評論社　2007 年
- 『ブラックホールと高エネルギー現象』（シリーズ現代の天文学 8）
  小山勝二・嶺重慎編　日本評論社　2007 年
- 『太陽系と惑星』（シリーズ現代の天文学 9）
  渡部潤一・井田茂・佐々木晶編　日本評論社　2008 年
- 『宇宙の終焉』
  杉本大一郎著　講談社ブルーバックス　1978 年
- 『ホワイト・ホール』
  ジョン・グリビン著・山本祐靖訳　講談社ブルーバックス　1978 年
- 『なにがオリオン星雲で起こっているか』
  磯部琇三著　講談社ブルーバックス　1980 年
- 『天に満ちる生命』
  NHK「宇宙」プロジェクト編　NHK 出版　2001 年
- 『カラー図解でわかるブラックホール宇宙』
  福江純著　ソフトバンククリエイティブ・サイエンスアイ新書　2009 年
- 『宇宙に終わりはあるのか？』
  村山斉著　ナノオプトニクス・エナジー出版局　2010 年
- 『宇宙は本当にひとつなのか』
  村山斉著　講談社ブルーバックス　2011 年
- 『宇宙は何でできているのか』
  村山斉著　幻冬舎新書　2010 年
- 『ベテルギウスの超新星爆発』
  野本陽代著　幻冬舎新書　2011 年

※ ほかに、多くの論文を参考にしています。

著者プロフィール

細川博昭 Hiroaki Hosokawa

ノンフィクション作家。サイエンス・ライター。
上智大学理工学部物理学科卒。
小学生から天体望遠鏡で星空を眺める。
科学技術の記事、書籍を執筆する一方で、
鳥を中心に人間と動物の関係のルポルタージュもおこなう。
著作は、『科学ニュースがみるみるわかる最新キーワード800』
『知っておきたい自然エネルギーの基礎知識』(ソフトバンククリエイティブ刊)、
『大江戸飼い鳥草紙』(吉川弘文館刊)ほか多数。

宇宙をあるく

2013年3月4日　第1版第1刷発行

著者 ◉ 細川 博昭
発行者 ◉ 玉越 直人
発行所 ◉ WAVE出版
〒102-0074　東京都千代田区九段南4-7-15
TEL 03-3261-3713　FAX 03-3261-3823
振替 00100-7-366376
E-mail: info@wave-publishers.co.jp
http://www.wave-publishers.co.jp
印刷・製本 ◉ 萩原印刷

NDC440 247p 19cm ISBN978-4-87290-605-9